U0264868

尚 红 杨 雪 任彬彬 张功水 编著

# Flash CS6
# 网页设计与制作

辽宁人民出版社

© 尚红等　2015

**图书在版编目（CIP）数据**

Flash CS6网页设计与制作 / 尚红等编著. — 沈阳：
辽宁人民出版社，2015.3
ISBN 978-7-205-08207-9

Ⅰ．①F… Ⅱ．①尚… Ⅲ．①网页制作工具 Ⅳ．
①TP393.092

中国版本图书馆CIP数据核字（2015）第031321号

出版发行：辽宁人民出版社
　　　　　地址：沈阳市和平区十一纬路25号　邮编：110003
　　　　　http://www.lnpph.com.cn
印　　刷：沈阳市新友印刷有限公司
幅面尺寸：170mm×240mm
印　　张：13.75
字　　数：320千字
出版时间：2015年3月第1版
印刷时间：2015年3月第1次印刷
责任编辑：石　岩
装帧设计：琥珀视觉
责任校对：吴艳杰　等
书　　号：ISBN 978-7-205-08207-9
定　　价：35.00元

# 序

　　人文社科教材大体可以分为两类，一类是知识理论的，一类是实践应用的。知识理论类教材注重知识理论的领域性、学科性、课程分类性，它们是学科结构的要点体现，进行着相应知识理论的条分缕析，梳理知识理论的系统关系，并对之进行知识性或理论性表述，它们要解决的是研究对象是什么、如何是这类问题。实践应用类教材则是另一套路数，它们当然也离不开一定的知识理论，但其结构构架却是建立在实践程序、应用行为过程、实践应用所涉及的智能或技能要点上，这类教材运用一定的知识理论，但不要求甚至拒绝知识理论自身的那种系统性或逻辑性，它们在是什么这类问题上点到为止，解决的是如何能及如何做的问题。我们这套教材属于后一类。

　　运用这套教材或掌握这套教材，要把着力点放在相应能力的理解与培养上，相应运作过程的程序把握上，以及智能或技能之间相互关系的融会贯通上。在教学中以练为主，而不是以知为要，要练规定的智能或技能行为，要练这类行为的过程性链接，要突出行为过程的对象性，即根据对象的情况设计与展开训练的行为过程，教学目的则在于建构起掌握教材设定或规定的智能或技能性行为及行为过程模式。这可以说是这套教材的特点。

　　智能或技能行为及行为过程是自成一体的，它们有自己的内在连贯性，它们有自己的模式结构及过程程序，这是一种有机性的、综合性的东西。就行为模式结构及行为过程的有机性而言，它们很像是踢足球与打篮球的技术，一招一式都是身体行为，都有所规定，有些人可能讲不大清楚这些规定，但水平很高，有些人把规定说得头头是道，却上不了场。其中的原因在于这类见之于行为的规定是行为化的，它们在行为的反复训练中形成行为的习惯模式，即熟能生巧。至于这类行为模式及行为过程的综合性，则在于它们通常都要涉及一个以上的行为能力，是一个以上行为能力在行为过程中的目的性综合。以营销行为为例，任何一个营销过程起码都要说，亦即推介；同时要行，即具体的营销行为过程；另外还要调，即反馈调节——反馈调节是随机性的应变能力；此外，又总免不了交流，与经营对象交流，这是人际交往能力，等等。这些能力都围绕预定的营销目的展开，彼此协调而综合。因此，就这套教材所规定的教学而言，它既要指导学生培养说、写、做、行等相应能力，又要指导他们进行目的性的能力综合训练。这就是通常说的实训。从这个角度也可以说，这套教材又可以称为智能或技能实训教材。

把这套教材名之为社会公共文化系列教材，是因为社会公共文化领域已由先前社会生活的隐态、零散态，转而为领域性的活跃与突起。文化本身就是整合性的，它把不同生活领域、不同职业领域，在"文"中整合起来。这"文"是相对于"野"而言，"野"即自然状态、原始状态，"野"被人的实践行为所改变，留下了人的实践痕迹，"野"就成了"文"，这个过程就是"文"化。所以，"文"就是人在对象那里留下的实践痕迹，"化"则是使对象"文"起来的实践过程。因此，不管什么领域什么行为，都离不开人的实践行为，便也都在文化之中。公共文化，则是指文化中属于社会共用共有的那一部分，它是相对于不同的领域或层位文化而言的。文化的差异性类分，往大处说，如企业文化、行政文化、校园文化、军旅文化等，它们体现着文化的领域差异；往小处说又可进一步分为部门文化、行业文化、家庭家族文化、饮食文化、节庆文化等，它们体现着文化的类型差异。公共文化是各种差异性文化的构成性文化与服务性文化。构成性是指各种文化中都有公共文化活跃其中，所以它们才共称为文化；服务性是指各种文化都离不开公共文化的支持与扶助。前些年，公共文化没有形成领域性文化的规模，因此被零散地对待；近些年，它在市场经济中不断繁荣而获得了突出的领域属性，因此被纳入社会管理、经营与教学的活动中，被称为公共文化事业与公共文化产业。领域性社会公共文化包括众多方面，涉及众多行为，传统的如传播业、出版业、表演演出业、文化管所业、教育业等，新兴的如策划业、咨询业、旅游业、培训业、广告业、装饰业、新媒体业等。社会公共文化的繁荣，提出了很多问题，形成了很多智能与技能需求，需要大量经过专门培养的人才。很多大学已专设这门课程，有的大学已为此设立专业。为了迎合社会及教学需求，这套教材便应运而生了。

这套教材是一套开放性的教材，它向现实生活、向活跃的社会公共文化敞开，同时，它也向其他应用性知识与智能培训体系敞开。它随时发现公共文化领域的新问题、新动态、新经验、新技术、新需求，将之提升为教学过程，将之教学系统化、教学体系化，因此它必将不断地更新、充实、扩大与修正。

希望这套教材发挥它应有的作用。以此为序。

高凯征

2014.7 沈阳

# 前　言

Flash CS6 作为网页矢量交互动画软件的代表，主要包括图形绘制、动画制作和交互等三大核心功能。在网页元素越来越丰富的今天，越来越多的网站、个人采用 Flash 技术制作广告 Banner、动画片头、MTV、交互式游戏，其广泛的应用为 Flash 爱好者提供了广阔的发展平台。Flash 在网络中的运用也日渐普及，通过它强大的图像动画功能，我们能最大限度地在网络世界中演绎对现实生活的理解，勾画美好梦想中的世界。Flash CS6 在继承了以前版本的各种优点基础上，加强了时间轴特效、ActionScript 3.0 的使用功能，添加了更多、更新的组件。相对于以前的版本，它已经有了一个质的飞跃。

本书是一本介绍 Flash 的标准教程，不但详细地介绍了 Flash CS6 的功能与特点，还结合案例深入地讲解该软件的使用方法，全书共分 10 章，首先讲述了 Flash CS6 的基本知识，包括基本概念、各种操作命令和工作面板；其次介绍了 Flash CS6 的使用方法，包括工具的使用、对象的编辑、图层、帧等基本操作，在此基础上介绍如何创建简单动画；再次介绍了元件、实例、声音以及 Flash 软件中功能强大的 ActionScript 3.0 指令及动画的后期制作与发布。本书为读者准备了大量的经典案例，来帮助读者练习、实践，以更好地理解和掌握各种动画制作技术。

本书结构安排从易到难，并将案例融入每个知识点中，能在帮助读者了解理论知识的同时，提高动手能力。其语言通俗易懂，非常适合读者学习使用，特别是针对高职学生的技能培训。

由于时间仓促，笔者水平有限，疏漏之处在所难免，希望广大 Flash 爱好者给予批评指正。

编　者
2015 年 1 月 13 日

# 目　录

# 第1章

# Flash CS6 的基础知识

Flash 是一款优秀的网页动画设计软件，是一种交互式动画设计工具。利用它可以将音乐、动画以及富有创意的界面融合在一起，以制作出高品质的网页动态效果。随着 Flash 软件的不断升级，它的绘图功能越来越强大，操作也更加便捷。本章介绍了 Flash CS6 的基本界面和常用面板，以及一些基本操作，以便读者对 Flash 有一个基本的了解。在后面的章节学习中，将会循序渐进地讲解 Flash 工具的使用方法，以及具体案例中的操作技巧。

随着 Internet 的不断发展，越来越多的人遨游在多姿多彩的网络世界，网络上的动态交互画面给人以视觉享受，尤其是越来越多的 Flash 作品（如广告、MTV、游戏、LOGO 以及一些高质量的课件等），做得十分精美，人们在观看之余也纷纷试图参与这些动画的制作。Flash 是一款优秀的网页动画设计软件，是一种交互式动画设计工具，利用它可以将音乐、动画以及富有创意的界面融合在一起，以制作出高品质的网页动态效果。随着 Flash 软件的不断升级，它的绘图功能越来越强大，操作也更加便捷。

## 1.1 Flash CS6 概述

Flash CS6 是一款二维矢量动画软件。通常包括用于设计和编辑的 Flash 文档，以及用于播放 Flash 文档的 Flash Player。Flash 凭借其文件小、动画清晰和运行流畅等特点，在各种领域中得到了广泛的应用。从简单的动画到复杂的交互式 Web 应用程序，它可以创建任何作品，可以通过添加图片、声音、视频和特殊效果，构建包含丰富媒体的 Flash 应用程序。Flash 中包含了许多种功能，如拖放用户界面组件、将动作脚本添加到文档的内置行为，以及可以添加到对象的特殊效果。这些功能使 Flash 不仅功能强大，而且易于使用。

1

### 1.1.1 工作界面介绍

要学习和应用 Flash CS6 软件，首先要了解一些相关的基本概念、基本操作方法。启动 Flash CS6 后，将进入它的主界面窗口，先让我们来认识一下它的基本界面。如图 1-1 所示。

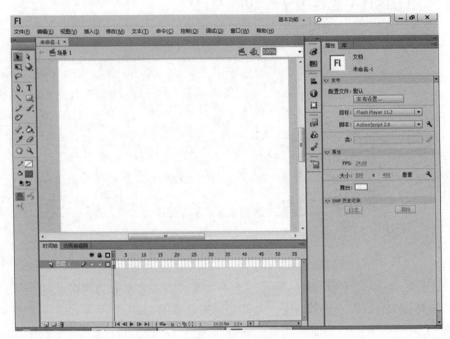

图 1-1 窗口界面

**1. 菜单栏**

位于 Flash CS6 窗口的上方，包括文件、编辑、命令、窗口、帮助等菜单。在 Flash CS6 中所有功能都可以在菜单栏中找到。

**2. 编辑区**

编辑区是制作原始动画的区域，在这里用户完全可以发挥自己的想象力，制作出动感逼真的动画作品。编辑区主要由舞台和工作区组成。

舞台就是编辑区的矩形区域，在编辑时，可在舞台内放置各种对象，这些对象包括矢量图、文本框、按钮、导入的位图图形或视频剪辑等。在舞台内显示的内容也就是最终生成的动画所要显示的全部内容，舞台的背景也是最终影片的背景。在编辑时可放大和缩小以更改舞台的视图，也可以在"属性"面板中设置和改变舞台的大小、颜色。默认状态下，舞台的宽为 550 像素，高为 400 像素，颜色为白色。

工作区是舞台周围灰色的区域，在编辑时，工作区内可以放置内容，但不论放什么，最终的影片都不会播放出来，因此工作区一般都是角色进场与出场的地方。

**3. 时间轴**

时间轴用于组织和控制文档内容在一定时间内播放的层数和帧数。它包括左侧的图层管理器和右侧的时间轴。如图 1-2 所示。

"图层"就像堆叠在一起的多张幻灯胶片一样，每个层中都排放着自己的对象。在图层管理器中可以编辑图层，如插入新层，删除图层，隐藏、锁定图层等操作。时间轴用来控制动画的播放。上面的每一个小方格表示一帧，它是 Flash 动画的灵魂。对于时间轴的运用，我们在以后的章节中会详细学习。

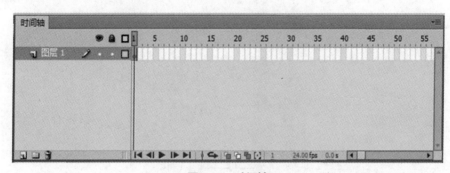

图 1-2　时间轴

**4. 浮动面板**

在窗口右侧是各种功能的面板，如颜色面板、信息面板、属性面板等，用户可以根据需要使用哪一种面板。这些面板是浮动的，可以放在窗口的任何地方，也可以隐藏与关闭。

信息面板如图 1-3 所示。

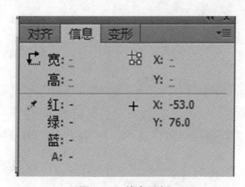

图 1-3　信息面板

3

**5. 工具箱**

使用工具箱中的工具可以绘图、填充颜色、选择和修改插图，并可以更改舞台的视图。工具箱分为四个部分。工具箱如图 1-4。

"工具"区域包含绘画、填充颜色和选择工具。

"查看"区域包含在应用程序窗口内进行缩放和移动的工具。

"颜色"区域包含用于笔触颜色和填充颜色的功能键。

"选项"区域显示选定工具的属性，这些属性会影响工具的填充色或编辑操作。

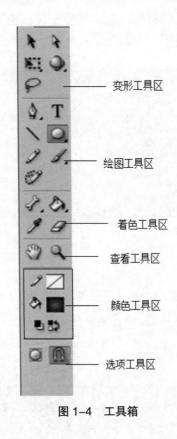

变形工具区

绘图工具区

着色工具区

查看工具区

颜色工具区

选项工具区

图 1-4 工具箱

提 示

工具箱是可以浮动的，它可以放在窗口的任何地方。

## 1.2　常用面板

Flash CS6 为用户提供了复杂多样、功能完善的各种类型的面板，学会使用这些面板是掌握和应用 Flash 的基础。下面我们将对常用的几个面板进行介绍。

### 1.2.1　对齐面板

选择"窗口 / 设计面板 / 对齐"命令打开对齐面板，快捷键 Ctrl+K，可以看出，它的主要作用是在对多个对象进行操作时，控制各个对象的对齐、分布、匹配大小、间隔等，如图 1-5 所示对齐面板。

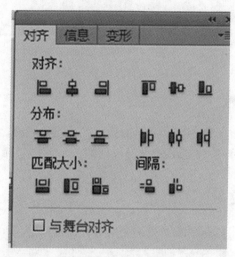

图 1-5　对齐面板

与舞台对齐：可以调整选定对象相对于舞台尺寸的对齐方式和分布；如果没有按下此按钮则是两个以上对象之间的相互对齐和分布，它们不针对舞台。

### 1.2.2　颜色面板

选择"窗口 / 颜色"命令打开颜色面板，如图 1-6 所示。用"颜色"面板可以创建和编辑"笔触颜色"和"填充颜色"的颜色。默认模式为 RGB，显示红、绿和蓝的颜色值。用颜色面板不但可以设置纯色，也可以设置线性渐变、放射性渐变和位图渐变。在后面的学习中我们会具体应用它。

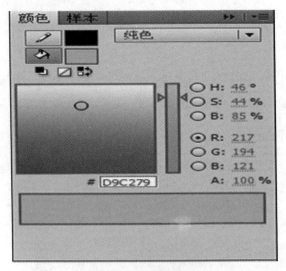

图 1-6　颜色面板

### 1.2.3　变形面板

选择"窗口 / 变形"命令打开变形面板，快捷键 Ctrl+T，如图 1-7 所示。它主要用于对所选对象进行各种变形操作，包括缩放、旋转、倾斜等，还可以对变形后的对象进行复制。

图 1-7　变形面板

### 1.2.4　动作面板

动作面板是动作脚本的编辑器，它有两种不同的编辑模式：标准模式和专家模式。如图 1-8 所示。

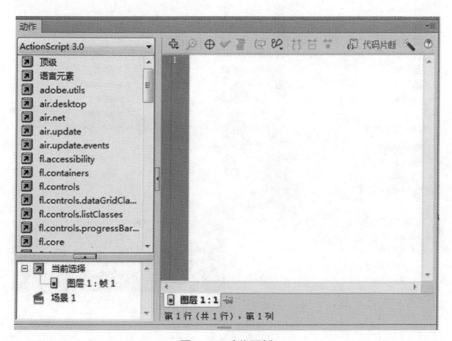

图 1-8　动作面板

## 1.3　新建与保存文档

### 1.3.1　新建文档

创建动画的第一步就是新建一个 Flash 文档，启动 Flash CS6 后，会弹出如图 1-9 这样一个窗口，这是 Flash CS6 的新功能，用户可以根据自己的需求选择，若要创建一个新文档，则选择"创建新项目 /Flash 文档"，或者使用菜单"文件 / 新建"的命令，其快捷键是 Ctrl+N。

图 1-9　开始页面

### 1.3.2　保存文档

在创建动画时，要随时保存以免发生断电等意外，造成不必要的损失。当文档包含未保存的更改时，文档标题栏、应用程序标题栏和文档选项卡中的文档名称后会出现一个星号 (*，仅限 Windows)。保存文档后星号即会消失。在保存时也可以将文档另存为模板，以便用作新 Flash 文档的起点（就像在字处理或 Web 页面编辑应用程序中使用模板一样）。

保存的方法：使用菜单"文件 / 保存"，快捷键是 Ctrl+S，也可以使用常用工具栏上的"保存"按钮来保存。

## 1.4　对象的操作

在使用 Flash 进行图形编辑时，图形与图形之间不仅存在上、下、左、右的相对关系，还存在前和后的关系，合理地处理好图形间的位置关系，可以使影片更加真实，更具有层次感。

### 1.4.1　对象层次的排列

图形在组合或转化为元件后，将作为一个独立的整体，自动移动到矢量图形或已有的组合图形的前方。当多个组合图形放在一起时，可以通过"修改 / 排列"命令（如图 1–10）菜单中的系列命令，调整所选组合在舞台中的前后层次关系。

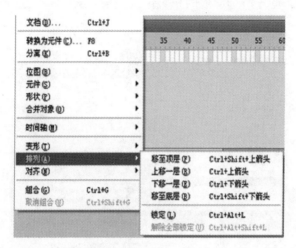

图 1–10　修改 / 排列

### 1.4.2　对象锁定与解锁

当用户编辑完成一个图形组合后，调整好它的大小位置，执行"修改 / 排列 / 锁定"命令（如图 1–10），将其锁定，使其不能再被选中或再进行编辑。当用户需要对该图形进行再次编辑的时候，可以执行"修改 / 排列 / 全部解除锁定"命令（如图 1–11），将锁定的图形解锁，对其进行再次编辑。

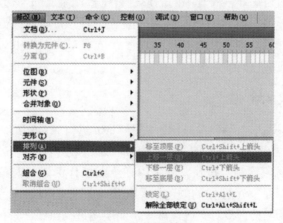

图 1–11　解除锁定

### 1.4.3　对象的对齐和分布

将影片中的图形整齐排列、匀称分布，可以使画面的整体效果更加美观。

**1. 对象的对齐**

在进行多个图形的位置移动时，可以执行"修改 / 对齐"（如图 1-12）命令菜单中的系列命令，调整所选图形的相对位置关系，从而将杂乱分布的图形整齐排列在舞台中。

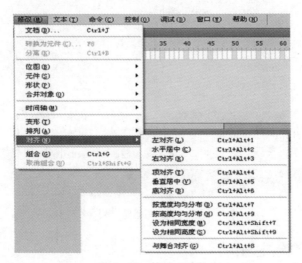

图 1-12　修改 / 对齐

**2. 对象的分布**

"修改 / 对齐"命令菜单中的系列命令，还可以将舞台上下间距不一样的图形，均匀地分布在舞台中，使画面效果更加美观。在默认状态均匀分布图形，将以所选图形的两端为基准，对其中的图形进行位置调整。当勾选"相对舞台分布"命令时，所有图形将以舞台的边缘为基准进行均匀分布。在进行对齐和分布操作时，用户还可以开启对齐面板在选区图形后，按下对齐面板中对应的功能按钮，完成对图形位置的相应调整。

### 1.4.4　对象的合并

与其他的矢量图形绘制软件一样，使用 Flash 进行矢量图形绘制时，也可以进行"对象绘制"。当选择"椭圆工具""椭圆"和"刷子工具"进行绘画时，在属性选项中按下"对象绘制"按钮，就可以在绘图工作区进行对象绘制了。使用该功能绘制出的图形是一个独立的颜色块。与组合图形不同，该色彩块可以使工具面板中的图形编辑工具直接对齐进行修改，而不用进入到该图形的编辑层窗口中。

# 第 2 章
## Flash CS6 工具的使用

　　动画其实就是以一定速度连续播放的静态图片，因此要制作出精美的动画影片，就必须先学会绘制静态的单帧图画，使用 Flash 绘制出漂亮的图画。本章我们将介绍 Flash CS6 基本工具的使用。

## 2.1　位图和矢量

　　在计算机绘图领域中，根据成图原理和绘制方法的不同，图像分为矢量图和位图两类型。

　　1. 位图 [bitmap]，也叫作点阵图，是由像素阵列的排列来实现其显示效果的，位图最小的单位是"像素"。编辑位图图形时，修改的是像素，而不是线条和曲线。每个像素有自己的颜色信息，在对位图图像进行编辑操作的时候，可操作的对象是每个像素，位图图形与分辨率有关，这意味着描述图像的数据被固定到一个特定大小的网格中，放大位图图形将使这些像素在网格中重新进行分布，这通常会使图像的边缘呈锯齿状。如图 2-1 所示。我们可以改变图像的色相、饱和度、明度，从而改变图像的显示效果。

图 2-1　所示位图放大 1600 倍时模糊不清

11

2.矢量图 [vector]，也叫作向量图，矢量图形是由一个个单独的点构成的，每一个点都有其各自的属性，如位置、颜色等。矢量图形与分辨率无关，这意味着除了可以在分辨率不同的输出设备上显示它以外，还可以对其执行移动、调整大小、更改形状或更改颜色等操作，而不会改变其外观品质。如图 2-2 所示。轮廓的形状更容易修改和控制，但是对于单独的对象，色彩上变化的实现不如位图来得方便直接。另外，支持矢量格式的应用程序也远远没有支持位图的多，很多矢量图形都需要专门设计的程序才能打开浏览和编辑。

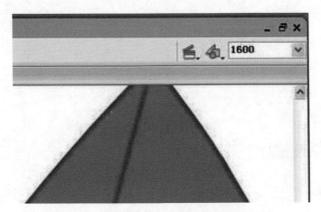

图 2-2　矢量图放大到 1600 倍时依然清晰

### 2.1.1　导入位图

Flash 的一个重要的特点在于它的体积小，而导入其他类型的文件则会导致 flash 的文件体积变得非常大，因此需要对导入的文件进行压缩、优化等处理。

Flash CS6 几乎支持当前所有主流图形图像文件格式，但是要注意以下几种格式文件。

1.PSD 文件：导入 PSD 格式文件可以保留文件的透明背景和当前图片的所有细节信息，但会使文档的体积变得较大。

2.PND 文件：这是一种应用在网络传输上的文件格式，可以保留文件的透明背景。导入该格式的文件文档体积较小，但在存储的时候会丢失一些细节信息。

3.在使用矢量制图软件 Illustrator 的时候，可以导出 EPS 和 AI 两种矢量图格式。虽然 Flash 对这两种格式都是可以支持的，但对 EPS 的支持程度更好一些。

导入图像的方法很简单，选择菜单栏中"文件 / 导入"命令，可以将图形直接导入到舞台上，也可以将其导入到"库"面板中。如图 2-3 导入命令图。

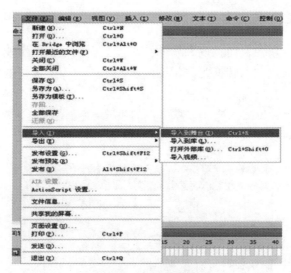

图 2-3　导入命令图

## 2.1.2　位图的基本操作

导入位图的操作在创建动画的过程中是经常使用的，不管是导入到舞台还是导入到库，所有的直接导入到文档中的位图都会自动地存放在该文档的库面板中。

导入位图的具体步骤如下：

步骤 1 创建新的文档。

步骤 2 选择菜单栏中"文件 / 导入 / 导入到舞台"打开"导入"对话框，如图 2-4 所示选择文件导入到舞台中，此图片将自动地保存在"库"面板中。

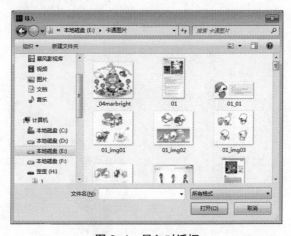

图 2-4　导入对话框

13

### 2.1.3　转换位图为矢量图

位图的容量比较大，而且放大后的清晰度会受到很大的影响。为此，我们可以将位图转换为矢量图。转换为矢量图的位图不受"库"面板的影响，以一种色形出现在舞台上。下面我们介绍一下位图转换为矢量图对话框的参数。

选择导入舞台的位图，选择"修改 / 位图 / 转换位图为矢量图"命令，弹出如图 2-5 所示的对话框

图 2-5　转换位图为矢量图对话框

### 2.1.4　为小兔换头花

将位图转换为矢量图后，即可更改位图图形的颜色。

制作过程

步骤 1　新建文档，选择菜单栏中的"文件 / 导入 / 导入到舞台"。如图 2-6 所示。

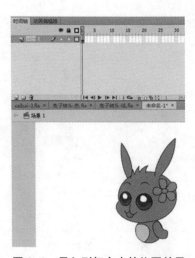

图 2-6　导入到舞台中的位图效果

步骤 2　选择舞台中的位图，单击菜单栏中的"修改 / 位图 / 转换位图为矢量图"，弹出如图 2-7 所示"转换位图为矢量图"对话框，按图调整参数。

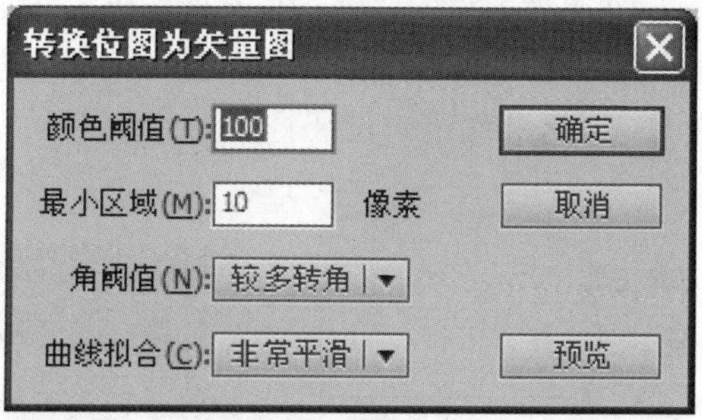

**图 2-7　转换位图为矢量图对话框参数设置图**

步骤 3　使用选择工具选中舞台中花瓣的区域，选择颜料桶工具为其添加颜色。可以为每个花瓣添加一种颜色，也可以为整朵添加一种颜色。如图 2-8 所示。

**图 2-8　花瓣填充颜色的效果图**

## 2.2　工具区介绍

　　Flash CS6 的工具区在工作窗口的右方，比其他的版本新增绘图与排版、3D、动画等功能的工具按钮。工具栏由 5 个工具区组成：选择变形工具区、绘图工具区、着色工具区、查看工具区和颜色工具区。如图 2-9 所示。

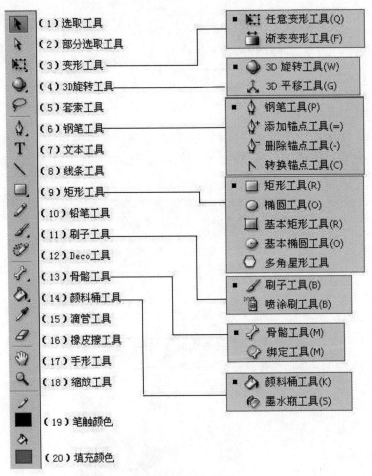

（1）选取工具
（2）部分选取工具
（3）变形工具
（4）3D旋转工具
（5）套索工具
（6）钢笔工具
（7）文本工具
（8）线条工具
（9）矩形工具
（10）铅笔工具
（11）刷子工具
（12）Deco工具
（13）骨骼工具
（14）颜料桶工具
（15）滴管工具
（16）橡皮擦工具
（17）手形工具
（18）缩放工具
（19）笔触颜色
（20）填充颜色

任意变形工具(Q)
渐变变形工具(F)

3D 旋转工具(W)
3D 平移工具(G)

钢笔工具(P)
添加锚点工具(=)
删除锚点工具(-)
转换锚点工具(C)

矩形工具(R)
椭圆工具(O)
基本矩形工具(R)
基本椭圆工具(O)
多角星形工具

刷子工具(B)
喷涂刷工具(B)

骨骼工具(M)
绑定工具(M)

颜料桶工具(K)
墨水瓶工具(S)

图 2-9　工具区

### 2.2.1　选择工具

　　选择工具：使用频率非常高，几乎每次做动画时都要用到它，所以，了解它的用途并熟练掌握它是非常必要的，选择工具有四种使用方法：

**1. 选择、移动和复制对象**

- 选择单个对象：使用箭头工具框选，可以框选全部或框选部分，也可以点选，对于有边框和填充色的图形，要双击才能把边框和填充色选中。

- 选择多个对象：按住 Shift 键的同时单击要选择的对象，可以选择多个对象。

- 选择全部对象：单击菜单栏中"编辑 / 全选"命令，或按快捷键 Ctrl+A，可以选择舞台中的所有对象。

当对象被选中后，可以按左键拖拽鼠标移动对象，或按上、下、左、右键移动对象如图 2-10 所示。在按 Ctrl 键的同时移动对象，可以复制对象。

普通状态　　　　选择对象　　　　移动对象

图 2-10　移动工具的使用

**2. 编辑线条或轮廓**

当光标移动到图形边框时，光标右下方出现圆弧线 ，按下左键拖动，可改变图形边线形状。

当按下 Ctrl 或 Alt 键再拖动光标，光标右下方出现直角，按下左键拖动，可移动图形定点位置，从而改变线条或轮廓形状。如图 2-11 所示。

改变形状

图 2-11　选择工具改变形状

**3. 平滑 / 伸直线条或轮廓**

在当前对象处于选择状态的情况下，可以使用工具箱下方的平滑或伸直按钮对选中对象进行平滑或伸直操作。

### 2.2.2　部分选取工具

部分选取工具 ：选取线条或轮廓的节点以调整节点的切线方向，改变图形的形状。

- 选中节点：使用部分选择工具，在对象的轮廓上点击，再单击其中的某一节点，即可选择该节点。选中的节点呈实心状态。
- 移动节点：选择节点后，拖拽鼠标即可移动节点。
- 删除节点：选择节点后，在键盘上按 Delete 键，即可删除该节点。
- 调节节点：选择节点后，可以拖拽节点切线的端点来调节线条或轮廓的形状。如图 2-12 所示。

选取节点　　　　移动节点　　　　删除节点　　　　调节节点

图 2-12　部分选取工具功能示范

注：选择工具和部分选取工具的区别是选择工具是选取填充的，而部分选取工具是选取路径的。

### 2.2.3　任意变形工具

任意变形工具 ：用于对图形进行放大、缩小、拉伸、压缩、旋转和扭曲等方面的操作。当选取任意变形工具时，在工具栏下方出现如图 2-13 所示工具选项按钮。

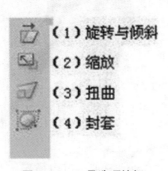

（1）旋转与倾斜

（2）缩放

（3）扭曲

（4）封套

图 2-13　工具选项按钮

1.旋转：用于改变图形的角度。当光标移动到图形边角的锚点外侧时，单击并拖拽鼠标，可以看到旋转的图形轮廓线，释放鼠标即可，如图 2-14 所示。

图 2-14　旋转图示

2.倾斜：用于改变图形的形状。当光标移动到图形锚点之间的直线时，单击并拖拽鼠标，可以看到倾斜图形的轮廓线，释放鼠标即可，如图 2-15 所示。

图 2-15　倾斜图示

3.缩放：就是改变图形的纵横比，达到改变图形大小的目的，分为任意缩放和等比缩放两种。

- 任意缩放图形用于改变图形的纵横比，将光标移动到图形的边角处，单击鼠标，可以看见如图 2-16 所示缩放的轮廓线，释放鼠标即可。

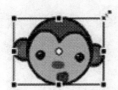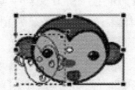

图 2-16　任意缩放图

- 等比缩放图形用于等比例改变图形的纵横比，使用时按住 shift 键并拖拽鼠标即可。
- 以中心点为中心缩放图形，按住 Alt 键的同时单击并拖拽鼠标，即以中心点为中心调整图形的纵横比。

4.扭曲：就是改变图形的透视关系，根据选择锚点的不同，效果也不同，配合功能键的应用，达到不同效果。如对称扭曲效果可按 Ctrl+Shift 键的同时拖拽鼠标。

5.封套：可以通过锚点与锚点两边的切线手柄扭曲对象，用任意变形工具选定对象后，单击封套按钮。选择图像中的锚点与切线手柄拖拽鼠标即可。

### 2.2.4　渐变变形工具

渐变变形工具是用来调整颜色渐变的工具。运用它可以创建复杂的色彩效果。如图 2-17 所示，当选择填充变形工具之后，在图形上单击一下，则会在图形上出现调节变化的圆圈，综合使用圆圈上的 4 个点，可以创造出复杂的颜色效果。

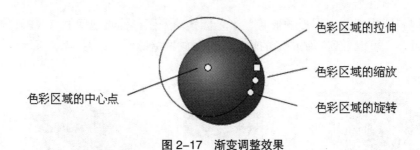

色彩区域的拉伸

色彩区域的缩放

色彩区域的旋转

色彩区域的中心点

图 2-17　渐变调整效果

### 2.2.5　3D 变形工具组

舞台的坐标体系是平面的。它只有两维的坐标轴即水平方向（X）和垂直方向（Y），我们只要确定 X、Y 轴的坐标就可以确定对象在舞台上的位置。CS6 引入了三维定位系统，增加一个坐标轴（Z），确定对象在舞台的位置就要确定 X、Y、Z 三个坐标轴的位置。3D 变形工具有两个，一个是 3D 旋转 ，一个是 3D 平移 。这两种工具只能在 AS3.0 文档中使用。

1.3D 旋转工具 ：主要是用来为元件添加 Z 轴的操作，同时会影响 X、Y 轴的坐标。影片剪辑元件通过绕 Z 轴旋转会产生旋转的 3D 效果。

2.3D 平移工具 ：此工具与 3D 旋转工具有些类似。用平移工具将元件绕 Z 轴平移时，在不影响其他轴的情况下对单一轴进行操作。

### 2.2.6 套索工具

套索工具 ：一种选取工具，选择舞台中的不规则区域或多个对象，主要用在处理位图时。可以通过绘制任意曲线所形成的选区来选取对象的图形，选择套索工具后，会出现魔术棒 、魔术棒属性 和多边形模式 三个按钮。

### 2.2.7 钢笔工具

钢笔工具 ：以绘制路径的方法创建线条的工具。使用"钢笔工具"可以直接绘制带有节点的路径线条。当鼠标指针变成🖊️状态时，在舞台中点击确定每个锚点的位置。如直线或者平滑、流动的曲线。创建直线或曲线段后，可以调整直线段的角度和长度以及曲线段的斜率。

**1. 绘制直线段**

要使用钢笔工具绘制直线段，先要创建锚点，也就是线条上确定每条线段长度的点。在绘制时，如果按住 Shift 键，则可以绘制出水平、垂直和 45 度角的线段。

要绘制一条开放路径，只需要双击最后一个锚点，或单击工具箱中的其他工具，还可以在远离路径的地方，按 Ctrl 键并同时单击。

要绘制一条闭合路径，将钢笔工具放置到第一个锚点上，当笔尖状鼠标指针旁出现一个小圆环时单击，形成一条闭合路径，如图 2-18 所示。

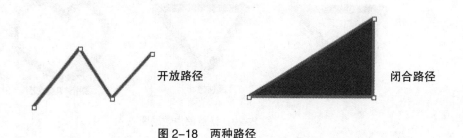

开放路径　　　　　　　　　　　　闭合路径

图 2-18　两种路径

**2. 绘制曲线段**

在工作区中拖动钢笔工具创建第一个锚点，然后朝相反的方向拖动钢笔工具来创建第二个锚记点，从而创建曲线。当使用钢笔工具创建曲线段时，线段的锚点显示为切线手柄。每个切线手柄的斜率和长度决定了曲线的斜率和高度，或者深度。移动切线手柄可以改变路径曲线的形状，如图 2-19 所示曲线段。

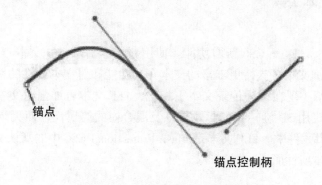

锚点

锚点控制柄

图 2-19　曲线段的绘制

21

**3.调整路径上的锚点**

- 添加锚点工具：在已生成的路径中鼠标指针变成状态时，单击则会增加锚点。
- 删除锚点工具：在已生成的路径中鼠标指针变成状态时，单击则会删除锚点。
- 转换锚点工具：当鼠标指针变成状态时，通过点击锚点，就可以出现锚点的控制柄，再通过拖动控制柄就可以转换弧线的弧度。

如下图 2-20，我们使用添加锚点工具，在三角形的中间添加一个锚点，然后再由转换锚点工具拖动左右两个顶点的锚点，即可绘制心形。

三角形　　　　　　　添加锚点　　　　　　使用转换锚点工具

图 2-20　锚点使用效果图

提 示　　选择"部分选取工具"拖拽锚点，也可以调节锚点。当用"部分选取工具"选定锚点后，按下 Delete 键也可以删除锚点。

## 2.2.8　文本工具

**1.TLF 文本**

TLF 文本：是 Flash CS6 新增功能。使用新文本引擎——文本布局框架 (TLF) 向 FLA 文件添加文本，支持更丰富的文本布局功能和对文本属性的精细控制。与以前的文本引擎（现在称为传统文本）相比，TLF 文本可加强对文本的控制，可以为 TLF 文本应用 3D 旋转、色彩效果以及混合模式等属性，而无须将 TLF 文本放置在影片剪辑元件中。TLF 文本是 Flash Professional CS6 中的默认文本类型。如图 2-21TLF 文本属性面板。

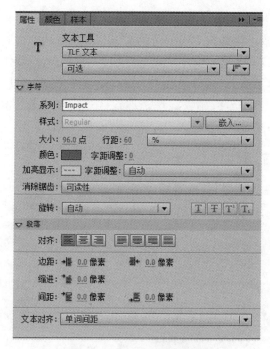

图 2-21　TLF 文本属性面板

**2. 传统文本**

在 Flash CS6 中，还有一种文本引擎，即传统文本。同样可以在动画中添加文本，设置文字的大小、字体、颜色、间距、对齐方式等；也可以对文字做变形处理，如旋转、缩放、倾斜、翻转等；还可以对文本进行编辑，如可以打散文本做渐变文字、变形动画等。选择"文本工具"后，传统文本属性面板如图 2-22 所示。

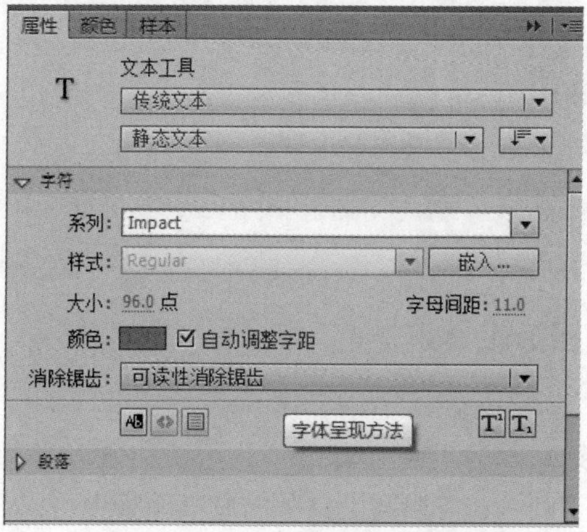

图 2-22　静态文本的属性面板

传统文本类型：

静态文本，是指不会动态更改字符的文本，也是默认的普通文本；

动态文本，可以动态显示文本更新的字段，利用它可以制作动态的计算器；

输入文本，是指在动画播放过程中，这个区域的文本是可以编辑的。

字符：选项组中的选项比较简单，通过"系列"设置字体，也可使用"样式"，其设置方法与 Word 一样。另外还可以设置文字的大小、文字的颜色等。

### 2.2.9　线条工具

线条工具▧：用于绘制各种直线或斜线，在选择线条工具后，光标在工作区中呈现十字状态，在属性面板中进行各种设置，得到不同效果的线条，如图 2-23 所示。

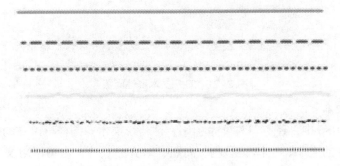

图 2-23　线条样式效果图

提　示　　　按住 Shift 键同时绘制是直线。

### 2.2.10　绘制图形工具组

#### 1. 椭圆工具

椭圆工具◯：是基本的绘图工具之一，用于绘制各种圆形的矢量图形，按住 Shift 键可以绘制正圆。在"椭圆工具"的属性面板上可以设置椭圆的内部填充色、笔触颜色、笔触的大小、样式（线型）等相关属性，如图 2-24 所示。

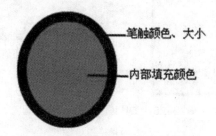

图 2-24　椭圆工具属性面板设置及效果

**2. 矩形工具**

矩形工具□：矩形工具与椭圆工具的使用方法相似。在属性面板中可以设定填充的颜色及外框笔触的颜色、粗细和样式，这与椭圆的属性设置一样。

但绘制圆角矩形时在属性面板中需修改 "矩形选项"，如图 2-25 所示。

图 2-25　圆角矩形角度设置及效果

**提　示**

　　在使用椭圆工具和矩形工具绘制图形时，按住 Shift 键可绘制出正圆和正方形来；按住 Alt 键，将以起始点为中心点向四周发散来绘制；按住 Shift+Alt 键，则是以起始点为中心点向四周绘制正圆或正方形。

**3. 多角星形工具**

单击多角星形工具○：在属性面板工具设置中，单击选项按钮，弹出工具设置对话框，打开样式下拉菜单，可以选择"多边形"或"星形"，默认的是"多边形"。如图 2-26 所示右边五角星图例。

图 2-26　工具设置对话框及图例

## 2.2.11　铅笔工具

铅笔工具✐：可以绘制出任意曲线，绘制曲线时同时按 shift 键，可以绘制出水平或垂直的直线。用铅笔工具绘制线条的颜色、粗细、样式，定义和"线条工具"一样，但有三种模式，如图 2-27 所示。

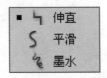

图 2-27　铅笔工具三种模式

下面是三种模式所画的线条，如图 2-28 所示用铅笔工具不同模式绘制的三角形。

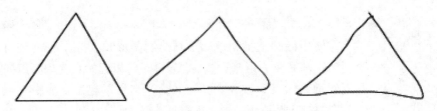

图 2-28　用铅笔工具不同模式绘制的三角形

### 2.2.12　刷子工具

刷子工具 ：用于为绘制的图形填充颜色或直接绘制各种图形，模拟毛笔的效果。刷子工具选择后按如图 2-29 设置刷子的模式、大小、形状。

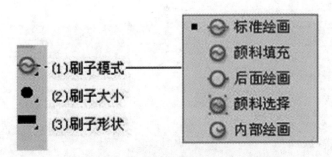

图 2-29　设置刷子的模式、大小、形状

### 2.2.13　喷涂刷工具

喷涂刷工具 ：使用时比刷子工具简单，CS6 系统默认的是一组圆形小颗粒图形，如图 2-30 所示。与使用常规刷一样在舞台上进行绘制，喷出的一些圆形小颗粒将显示为一组。然后，单击"属性"检查器中的拾色器并选择另一种颜色，尝试更改刷子颜色。如图 2-31 所示改变刷子颜色的喷涂效果。

图 2-30　一组圆形小颗粒图形

图 2-31　改变刷子颜色的喷涂效果

### 2.2.14　Deco 工具

Deco 工具 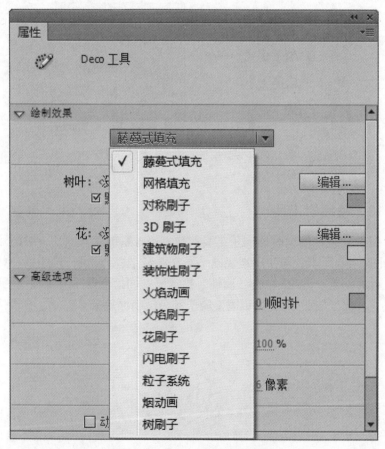 ：包含 12 种效果：藤蔓式填充、网格填充和对称刷子等如图 2-32 所示。可以用此工具对背景图案进行编辑。

图 2-32　Deco 工具绘制效果图

### 2.2.15　骨骼工具

骨骼工具 ：它是通过向形状图形、元件添加反向运动（IK）骨骼的方式实现角色运动动作，操作起来简单方便，解决了我们通过逐帧动画来完成的复杂动画的问题。

骨骼绑定工具 ：使用"绑定工具"选择反向运动形状的端点，从端点向骨骼的节点方向拖拽，将节点与端点绑定。

28

### 2.2.16　颜料桶工具

颜料桶工具 🪣：是用来对指定区域填充颜色的工具。它可以使用纯色、线性渐变、径向渐变和位图填充。图 2-33 所示填充效果。

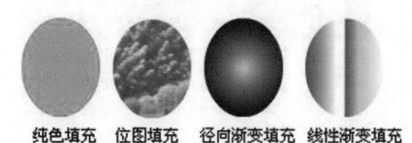

纯色填充　位图填充　径向渐变填充　线性渐变填充

图 2-33　填充效果图

#### 1. 填充空隙大小

使用时选择颜料桶工具之后，在要进行填充的区域上单击即可。填充的区域可以是封闭的也可以是非封闭的，对于非封闭区域的缺口大小有所限制。这个选择通过"选项"来设置，如图 2-34 所示。

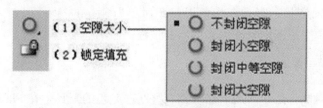

（1）空隙大小———　　■ ◯ 不封闭空隙
（2）锁定填充　　　　　 ◯ 封闭小空隙
　　　　　　　　　　　　 ◯ 封闭中等空隙
　　　　　　　　　　　　 ◯ 封闭大空隙

图 2-34　选择空隙的大小

提　示　　　当缺口过大，无法填色时，可以使用放大镜工具将图形缩小，这样，从显示上看，缺口变小了也就可以填色了，如果仍然不能填色，那就要使用手工来封闭缺口了，或者使用笔刷来填充颜色。

#### 2. 锁定填充

在颜料桶工具盒笔刷工具的"选项"中都有一个锁定填充按钮，它的作用是确定渐变色的参照基准。

当它处于锁定状态时，渐变色以整个舞台作为参考区域，我们填充到什么区域，就对应出现相应的渐变色。如图 2-35 所示。

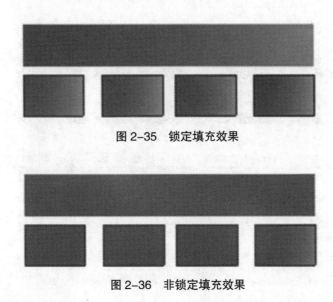

图 2-35　锁定填充效果

图 2-36　非锁定填充效果

当处于非锁定状态时，渐变色以每个对象为独立的参考区域。如图 2-36 所示，渐变色在单个矩形内完成色彩的渐变过程，而不会互相影响。

### 2.2.17　墨水瓶工具

墨水瓶工具：是专门用于修改和调整线框颜色的工具。在 Flash 中，凡是使用椭圆工具、矩形工具、线条工具、钢笔工具或是铅笔工具等绘制的对象，都可以用墨水瓶工具对其边框进行修改。在操作时，只需要用墨水瓶工具在选择对象的边线上点击即可。通过属性面板可以设置线条的颜色、宽度、轮廓线及边框线条的样式。

### 2.2.18　滴管工具

滴管工具：用于复制一个对象的填充和边线的颜色属性，并可将此属性应用到其他对象上，如文字、线条和填充色等。当把滴管工具放在不同对象上时，鼠标指针的显示也不同。

### 2.2.19　橡皮擦工具

橡皮擦工具：同我们传统意义上的橡皮一样，是用来清除线条和填充色的。可以将橡皮擦工具自定义为擦除边框、擦除填充区或擦除某单一填充区，也可以设置橡皮擦的形状为圆形或是方形。如图 2-37 橡皮擦属性模式图所示。图 2-38 分别有 5 个不同模式的擦除效果图。

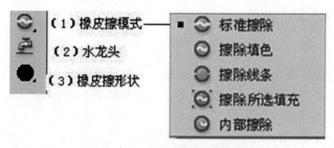

图 2-37　橡皮擦属性模式图

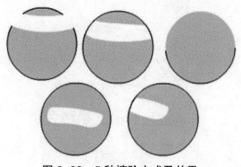

图 2-38　5 种擦除方式及效果

在"选项"中有一个"水龙头"按钮，它可以快速擦除一个封闭区域的全部填充色，如图 2-39 所示。

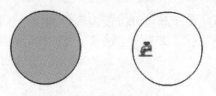

图 2-39　快速擦除选区

### 2.2.20　手形工具

手形工具：主要是用来移动舞台，以便操作。当画面内容超出显示范围时用此工具可以方便地查看图形的每一部分。双击手形工具后，画布会在舞台正中央显示。

31

### 2.2.21　缩放工具

缩放工具🔍：用来调整舞台的显示比例。双击缩放工具，舞台以 100% 状态显示。

### 2.2.22　颜色工具

工具箱中的"笔触颜色"和"填充颜色"控件可以选择纯的笔触颜色或者纯的、渐变的填充颜色。椭圆和矩形对象可以既有笔触颜色又有填充颜色。文本对象和画笔笔触只有填充颜色。用线条、钢笔和铅笔工具绘制的线条只有笔触颜色。如图 2-40 所示。

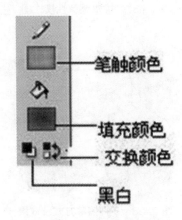

图 2-40　颜色工具栏图片

提 示

　　默认笔触是黑色，默认填充颜色是白色。使用"交换颜色按钮"可以快速将笔触和填充颜色交换颜色。

## 2.3　绘图实例

Flash CS6 中基本的绘图工具我们已经学习完了，现在我们就用学过的知识来制作 Flash 中的静态图片。这也是我们创作动画的基础。

### 2.3.1　绘制一座房子

案例效果

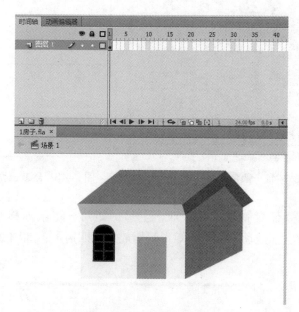

图 2-41　绘制房子的效果图

技能知识

1. 绘图工具
2. 颜色填充

 上机操作　　范例：Sample\2\3\1_ori.fla
　　　　　　　　　成品：Sample\2\3\1.fla

制作过程

　　步骤 1　新建文档，大小 550×400 像素，背景颜色为白色。

　　步骤 2　选择"矩形工具"设置笔触颜色为黑色，大小为 1 像素，样式为实线。单击填充颜色按钮，会出现颜色选择面板，在面板右上角单击◻按钮，即无内部填充色。如图 2-42 所示。设置完后，绘制出两个矩形，上面的矩形做房顶，下面的矩形做房身，如图 2-43 所示。

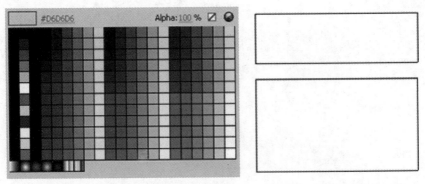

图 2-42　颜色选择面板　　　　　　　图 2-43　绘制出两个矩形

步骤 3　选择任意变形工具，双击上边的矩形。将鼠标移动到所选矩形上边，鼠标变成形状，拖动鼠标，将矩形斜切成平行四边形，如图 2-44 所示。

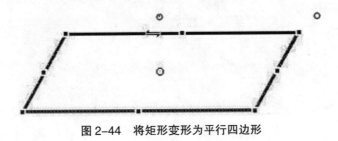

图 2-44　将矩形变形为平行四边形

步骤 4　选择线条工具将两图形连接起来，画屋顶的侧面。注意，按住 Shift 键拖动可以将线条限制在 45°的倍数方向，所以，画房身的直线时，可以按住 Shift 键，如图 2-45 所示。

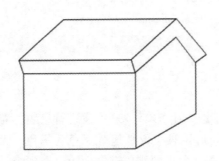

图 2-45　房子的连线图

步骤 5　画出门的形状，如图 2-46 所示。再来绘制窗户。绘制一个小矩形，使用椭圆工具绘制一个圆形在矩形上方，如图 2-47 所示用选择工具框选靠下的大半个圆，按 Delete 键，删除所选部分，增加直线，形成窗格。选中窗户，在属性里将颜色改为浅蓝色，并增粗为 2 像素。

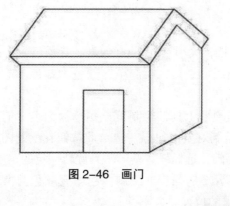

图 2-46　画门

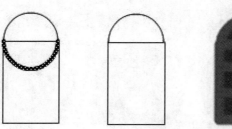

图 2-47　绘制窗户填充颜色的过程图

步骤 6　将画好的房子填充颜色，并去除多余的轮廓线即可。

## 2.3.2　绘制静态毛毛虫

案例效果

图 2-48　毛毛虫效果图

上机操作　　范例：Sample\2\3\2_ori.fla

　　　　　　　成品：Sample\2\3\2.fla

制作过程

　　步骤 1　新建文档，大小 550×400 像素，背景色为白色。

　　步骤 2　选取椭圆形工具，绘制填充颜色为绿色，笔触为黑色，大小为 1 像素，按 Alt+Shift 键画正圆。

　　步骤 3　选取椭圆形工具，绘制填充颜色为白色，笔触为黑色，大小为 1 像素，选择工具中的绘制对象按钮（选取此按钮在绘制图形叠加时，不影响其他的图形）绘制两个椭圆，选择任意变形工具旋转一定的角度。如图 2-49 所示。

　　步骤 4　重复步骤 2 的操作，绘制两组填充颜色为黑色、白色的椭圆，如图 2-49 所示摆放到眼睛的位置。

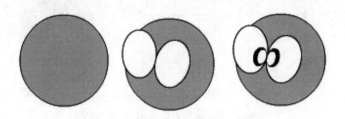

图 2-49　绘制毛毛虫的基本过程图

　　步骤 5　选择线条工具绘制毛发，选择椭圆工具，绘制笔触为黑色、大小为 1 像素、无内部填充颜色的正圆，选择橡皮工具，在橡皮模式中选择擦除线条绘制鼻子。如图 2-50 所示。

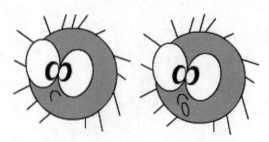

图 2-50　毛毛虫鼻子、嘴的绘制过程

步骤 6　选择椭圆工具填充颜色为 #FF9999，笔触为黑色，大小为 1 像素绘制椭圆。

步骤 7　绘制毛毛虫的躯干部分：新建一图层，选取椭圆形工具，绘制填充颜色为绿色，笔触为黑色，大小为 1 像素，选择工具中的绘制对象按钮◙ 按 Alt+Shift 键绘制正圆。按 Alt 键拖动复制 2 个，调整大小，选择第二个圆，点击右键在弹出的快捷菜单中选择"排列 / 移至底层"，如图 2-51 所示。

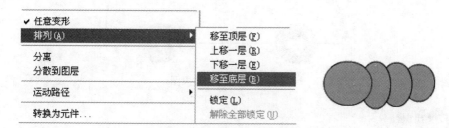

图 2-51　排列菜单及图形效果

步骤 8　选择线条工具，绘制边线，如图 2-52 所示。

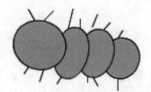

图 2-52　添加边线效果图

步骤 9　调整图层，将图层 1 调到图层 2 上方。生成效果如图 2-53 所示。

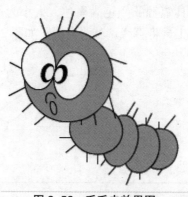

图 2-53　毛毛虫效果图

### 2.3.3 绘制一辆卡通车

案例效果

图 2-54 车的效果图

技能知识

1. 线条工具
2. 矩形工具
3. 颜料桶工具

 上机操作

范例：Sample\2\3\3_ori.fla
成品：Sample\2\3\3.fla

制作过程

步骤 1 新建文档，大小 550×400 像素，背景色为白色。

步骤 2 选择线条工具笔触的颜色为黑色，大小为 1 像素，样式为实线，绘制车的外轮廓。使用选择工具将直线调整为曲线。如图 2-55 所示。

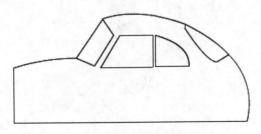

图 2-55 使用线条工具绘制车身轮廓

步骤 3　使用椭圆是工具填充色为白色，笔触为黑色，大小为 1 像素。选择绘图对象绘制车身上的轮子及其他相关的外轮廓。如图 2-56 所示。

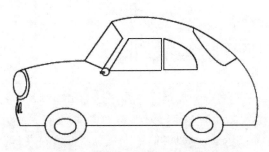

图 2-56　使用椭圆工具绘制轮子及其他

步骤 4　选择矩形工具，在属性面板中选择"矩形选项"设置圆角矩形半径为 20，笔触为黑色，大小为 1 像素，填充颜色为深灰色，选择"绘制对象"按钮，绘制圆角矩形。如图 2-57 所示。

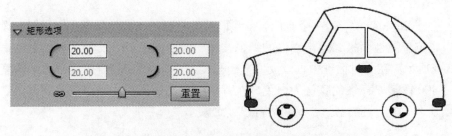

图 2-57　设置圆角矩形半径属性面板及绘制后的效果图

步骤 5　选择"颜料桶工具"选择深灰色填充车轮的颜色。如图 2-58 所示。

图 2-58　车的效果图

# 第 3 章

## 动画制作基础

通过对工具的学习已经能熟练绘制静态的 Flash 动画效果，接下来我们要学习动态的 Flash 动画效果。在学习制作动画之前应该对创建动画的基本准备工作有所了解，首先我们应该知道动画的文件类型，其次是动画的基本术语，最后是创建动画的方法。

## 3.1 动画的文档属性

打开 Flash CS6 新建一个文档后，我们就要对影片文档的属性进行设置，设置的内容位于属性面板，点击属性的编辑按钮，就会弹出一个文档的属性对话框如图 3-1 所示。在此对话框中可以设置文档的尺寸，默认情况下它的宽为 550 像素，高为 400 像素。背景色默认为白色，在背景颜色交换面板中可以更改背景色。默认帧频为 24 帧，也就是说，每秒播放 24 个帧。

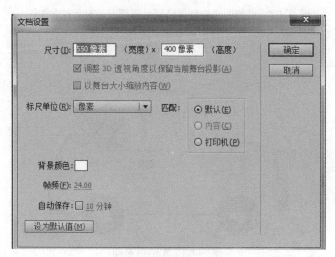

图 3-1 文档设置对话框

在学习制作动画之前，我们先要认清几个概念，即时间轴、帧、场景等概念。它们在整个动画制作过程中至关重要，是我们制作动画所必备的条件。

## 3.2　"时间轴"面板简介

时间轴用于组织和控制文档内容在一定时间内播放的层数和帧数。时间轴由两部分组成，如图 3-2 所示，左侧是图层面板，右侧是帧面板，它的主要组件是图层、帧和播放头。

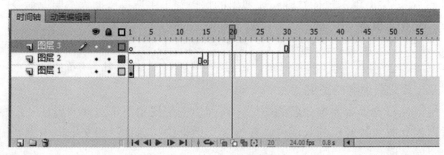

图 3-2　时间轴面板

### 3.2.1　关于图层

图层：图层就像一张透明的玻璃纸一样，一层层地向上叠加，透过上一层空白的部分，可以看到下一层上的内容，而层上有内容的部分则会遮住下面层上的内容。图层可以帮助我们组织文档中的元件和其他元素。我们可以通过改变图层的叠放顺序来改变要看见的内容，可以在当前图层上绘制和编辑对象，而不会影响其他图层上的对象。图层根据使用功能的不同可分为以下几种基本类型，如图3-3 所示。

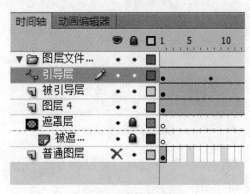

图 3-3　图层分类图

### 3.2.2　图层的基本操作

每个图层都包含一个显示在舞台中的不同图像，文档中的图层列在时间轴左侧的列中。每个图层中包含的帧显示在该图层名右侧的一行中。图层的操作如下：

**1. 新建图层**

新创建的 Flash 文档中只有一个图层，我们可以通过增加多个图层，来编辑动画中的图像、声音、文字等。新增图层的方法有：

- 单击时间轴左下角"新建图层"按钮。
- 选择菜单"插入 / 时间轴 / 图层"命令。
- 在图层上单击鼠标右键，在弹出的快捷菜单中选择"插入图层"命令。

**2. 重命名图层**

系统默认的图层名称是图层 1、图层 2、图层 3 等，在进行动画编辑时，往往需要添加多个图层，为了防止混淆，可以给图层重新命名，其方法如下：

双击要重新命名的图层。

用鼠标右键单击要重命名的图层，在弹出的快捷菜单中选择"属性"命令，然后弹出如图 3-4 所示的对话框，在这个对话框中"名称"的文本框中重新输入新的图层名称。

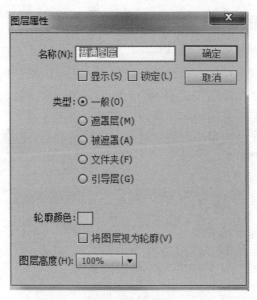

图 3-4　图层属性

在"图层属性"对话框中，还可以更改图层的类型（引导层、遮罩层等）、图层轮廓的颜色以及图层的高度。

**3. 复制层**

可以将图层中所有对象复制下来，粘贴到不同的图层中去。其操作步骤如下：

步骤 1　鼠标单击选择要复制的图层。

步骤 2　选择"编辑 / 复制"命令。

步骤 3　单击要粘贴到新图层的第 1 帧，选择"编辑 / 粘贴到当前位置"命令。

**4. 删除层**

在制作动画时，如果多余的图层要删除掉，可以使用以下方法：

- 选择要删除的图层，然后单击时间轴中图层管理器右下方的垃圾桶按钮；
- 选择要删除的图层，用鼠标左键拖到垃圾桶中；
- 在要删除的图层上单击鼠标右键，在弹出的快捷菜单中选择"删除图层"命令。

**5. 改变图层顺序**

在编辑时，要改变图层顺序的方法是选择要移动的图层，按住鼠标左键拖动到合适的位置，当释放鼠标时则图层就被放置在新的位置上了。

**6. 隐藏图层**

在编辑时，如果图层较多，影响编辑，可以将暂时不用的图层隐藏起来。在图层被隐藏之后，就不能再对该层进行各种编辑了。如图 3-5 所示，图层 1 被隐藏。

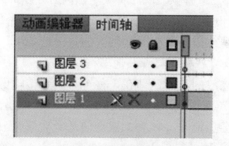

图 3-5　隐藏图层

隐藏图层的方法如下：

- 单击图层名称右边的隐藏栏即可隐藏图层，再次单击可以取消隐藏该层。
- 用鼠标在图层的隐藏栏中上下拖动，即可隐藏多个图层或取消隐藏图层。
- 单击隐藏图标 可以将所有图层同时隐藏，再次单击则会取消隐藏。

**7. 锁定图层**

锁定图层可以将某些图层锁定，这样可以防止一些已经编辑好的图层被意外修改。图层被锁定以后，暂时不能对该层进行各种编辑了，但仍然可以显示该层内容。如图 3-6 所示。

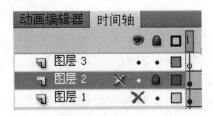

图 3-6　锁定图层

锁定图层的操作方法与隐藏图层相同。

**8．分散到图层**

使用菜单栏中的"修改 / 时间轴 / 分散到图层"命令，可以快速地将一个帧或几个帧中的所选对象分散到独立的图层中，以便向对象应用补间动画。这些对象最初可以在一个或多个图层上。如对分离的文本应用"分散到各图层"的命令，可以很容易地创建文字动画。

### 3.2.3　关于帧

时间轴上的小方格叫单元格。可以把单元格转化为帧、关键帧、空白关键帧。当播放头移到帧上时，帧的内容就显示在舞台上，使用这些帧来组织和控制文档的内容。在时间轴中放置帧的顺序将决定帧内对象在最终内容中的显示顺序。

1. 帧：是进行 Flash 动画制作的最基本的单位，每一个精彩的 Flash 动画都是由很多个精心雕琢的帧构成的，在时间轴上的每一帧都可以包含需要显示的所有内容，包括图形、声音、各种素材和其他多种对象。

2. 帧频：是动画播放的速度，即在 1 秒钟时间里传输的图片的帧数。通常用"帧 / 每秒"为单位。英文缩写 fps（frames per second）表示。每秒钟帧数 (fps) 愈多，所显示的动作就会愈流畅。帧频太慢会使动画看起来一顿一顿的，帧频太快会使动画的细节变得模糊。在 Web 上，每秒 12 帧 (fps) 的帧频通常会得到最佳的效果。但是标准的运动图像速率是 24 fps。最大可以设置为 120，但是很少用，大多数情况帧频在 20—24 左右。

3. 帧的分类

根据帧的不同作用，可以将帧分为 4 类，如图 3-7 所示。

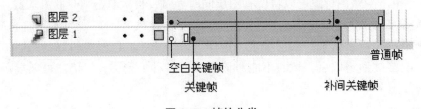

图 3-7　帧的分类

- 关键帧

它在整个动画制作过程中是非常关键的，只有定义好了关键帧才能定义动画的每一个图像。关键帧是定义动画变化的帧，在时间轴上显示为实心黑圆。在 Flash CS6 中，关键帧与补间关键帧被区分开来，通常角色进入舞台的第 1 帧是关键帧，而创建补间动画后生成的是补间关键帧。在制作动画时关键帧不能频繁使用，因为这样会增加动画文件的体积。

- 补间关键帧

补间关键帧是 Flash CS6 的新产物，它是在补间动画中出现的，通常是表示物体运动中的关键帧，例如改变运动方向、改变运动等。

- 空白关键帧

不含有任何内容的关键帧就是空白关键帧，它在时间轴上显示为空心圆。当添加新的关键帧后，前面关键帧内容也会随之出现在舞台中，相当于复制了前面的关键帧，如果其中的内容不想要，当删除之后，这一帧就变成了空白帧。

- 普通帧

当定义好一个动画的起始和结束关键帧后，中间的帧就是普通帧，在时间轴上显示为灰色填充的小方格，不能被编辑。它只能具体体现动画变化过程。同时在制作动画时为了延续时间也会加入适当的普通帧。

### 3.2.4　帧的操作

**1. 插入帧**

- 插入新帧，选择"插入 / 时间轴 / 帧"（创建帧快捷键 F5）。
- 插入关键帧，选择菜单栏中"插入 / 时间轴 / 关键帧"（创建关键帧的快捷键 F6），或者右键单击在时间轴上要放置关键帧的位置，在弹出的快捷菜单中选择"插入关键帧"。
- 插入空白关键帧，选择菜单栏"插入 / 时间轴 / 空白关键帧"（创建空白关键帧的快捷键 F7），或者右键单击在时间轴上要放置空白关键帧的位置，在弹出的快捷菜单中选择"插入空白关键帧"。

**2. 选择帧**

Flash CS6 提供两种不同的方法在时间轴中选择帧。

第一种是：在系统默认情况中，可以在时间轴中单击选择单个帧。

- 选择多个连续的帧，在帧上拖动鼠标，或按住 Shift 键并单击其他帧。
- 选择多个不连续的帧，在按住 Ctrl 键的同时单击其他帧。
- 选择时间轴中的所有帧，选择"编辑 / 时间轴 / 选择所有帧"（Ctrl+Alt+A）。

**3. 剪切帧、复制帧和粘贴帧**

选择帧或序列并选择"编辑 / 时间轴 / 复制帧"。选择要替换的帧或序列，然后选择"编辑 / 时间轴 / 粘贴帧"。

按住 Alt 将一个关键帧拖动到要复制到的位置。

**4. 删除帧**

选择帧或序列并选择"编辑 / 时间轴 / 删除帧",或者单击右键在弹出的快捷菜单中选择"删除帧"。

**5. 移动帧**

选择一个关键帧或帧序列,然后将该关键帧或帧序列拖到所需的位置。

### 3.2.5 使用绘图纸工具编辑动画帧

绘画纸是一个帮助定位和编辑动画的辅助功能,这个功能对制作逐帧动画特别有用。通常情况下,Flash 在舞台中一次只能显示动画序列的单个帧。使用绘画纸功能后,就可以在舞台中一次查看两个或多个帧了。

如图 3-8 所示,这是使用"绘画纸"功能后的场景,可以看出,当前帧中内容用全彩色显示,其他帧内容以半透明显示,看起来好像所有帧内容是画在一张半透明的绘图纸上,这些内容相互重叠在一起。当然,这时你只能编辑当前帧的内容。

图 3-8    绘图纸案例效果

## 3.3    关于场景

我们在制作电影时需要很多场景,并且每个场景的对象可能都是不同的。与拍电影一样,Flash 可以将多个场景中的动作组合成一个连贯的电影。在 Flash 中可以有多个场景,当我们开始要编辑时,都是在第一个场景"Scene 1"中开始,场景的数量是没有限制的。在不同场景中跳转的可以用 ActionScript 语句 go to and play("目标场景",帧)。我们按快捷键 Shift+F2 可以打开场景面板,如图 3-9 所示。

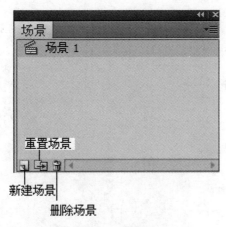

图 3-9　场景面板

### 3.3.1　场景基本操作

1. 新建场景：选择菜单栏中"插入 / 场景"点击新建按钮即可新建一个新的场景。

2. 重置场景：复制选中场景，生成场景副本。

3. 删除场景：选中被删除的场景，拖动到删除场景按钮中。

4. 设置场景颜色：动画中场景的大小和颜色是通过属性面板来设置的，下面我们以设置场景为 400×300 像素为例介绍。具体操作如下：

步骤 1　新建文档，系统默认的场景大小为 550×400 像素，背景色为白色。

步骤 2　选择属性面板中"属性 / 编辑"按钮，如图 3-10 所示。在弹出"文档设置"对话框中设置，如图 3-11 所示。在尺寸中将宽和高分别设置为 400 像素、300 像素。选择背景颜色打开颜色交换面板，将其设置为绿色。

步骤 3　单击"确定"按钮。

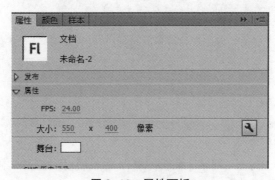

图 3-10　属性面板

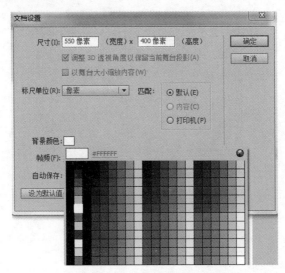

图 3-11　文档设置对话框

### 3.3.2　网格和标尺的使用

在 Flash 中我们也可以像其他的绘图软件一样精确地绘制对象，即利用标尺和网格设置。具体的操作步骤如下：

步骤 1　选择菜单栏中"视图 / 标尺"命令，或按组合键 Shift+Ctrl+Alt+R，在场景的上方和左方显示出垂直和水平的标尺，如图 3-12 所示，如果想取消标尺时，只需要再次选择"视图 / 标尺"命令，或按组合键 Shift+Ctrl+Alt+R 即可。

图 3-12　标尺的场景效果

步骤 2　选择菜单栏中"视图 / 网格 / 显示网格"命令即可显示网格，重复以上操作即可消除网格。

步骤 3　选择"视图 / 网格 / 编辑网格"菜单项可以打开"网格"对话框，如图 3-13 所示，在参数中修改网格线的颜色、网格大小。

48

图 3-13　网格对话框

## 3.4　元件、实例和库

### 3.4.1　关于元件

1.元件是构成 Flash 动画所有因素中最基本的因素，包括形状、元件、实例、声音、位图、视频等。Flash 里面有很多时候需要重复使用素材，这时我们就可以把素材转换成元件，或者干脆新建元件，以方便重复使用或者再次编辑修改。也可以把元件理解为原始的素材，通常存放在元件库中。

2.元件的分类

元件只需要创建一次，使用元件能减小文件的体积，因为不管该元件被重复使用多少次，它所占的空间也只有一个元件的大小。也就是说，当我们在浏览带 Flash 的影片页面过程中，一个元件只需要被下载一次。因此制作时应尽可能地重复利用 Flash 中的各种元件，这样不仅可以大大减小文件的尺寸，也为修改与更新带来了极大的方便。Flash 元件有三种形式，即影片剪辑、按钮、图形。如图 3-14 所示，在库面板中显示了不同类型的元件。

图 3-14　三种类型的元件

在选择元件类型时，要根据作品的需要来进行判断，特别是影片剪辑元件和图形元件的区别。下面我们从概念上对三种类型的元件进行讲解。

- 影片剪辑元件：可以理解为电影中的小电影，可以完全独立于场景时间轴，并且可以重复播放。影片剪辑是一小段动画，用在需要有动作的物体上，它在主场景的时间轴上只占 1 帧，就可以包含所需要的动画，影片剪辑就是动画中的动画。"影片剪辑"必须进入影片测试里才能观看得到。
- 按钮元件：实际上是一个只有 4 帧的影片剪辑，如图 3-15 所示，但它的时间轴不能播放，只是根据鼠标指针的动作做出简单的响应，并转到相应的帧，通过给舞台上的按钮添加动作语句而实现 Flash 影片强大的交互性。

图 3-15　按钮元件时间轴

- 图形元件：是可以重复使用的静态图像，它是作为一个基本图形来使用的，一般是静止的一幅图画，每个图形元件占 1 帧。图形元件与影片的时间轴同步运行。不可以加入动作代码。

### 3.4.2　创建元件

创建元件有三种不同的方式：

**1. 创建新元件**

创建新元件时可选择下列操作之一：

- 选择菜单栏中"插入新建元件"命令。
- 单击库面板左下角的"新建元件"按钮。
- 从库面板右上角的"库面板"菜单中选择"新建元件"。

弹出新建元件对话框，如图 3-16 所示，在"创建新元件"对话框中键入元件名称并选择类型。单击"确定"进入到元件的编辑模式区。在元件编辑模式下，元件的名称将出现在舞台左上角的上面，并由一个十字光标指示该元件的注册点，如图 3-17 元件编辑界面。

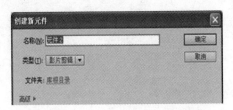

图 3-16　创建新元件对话框

图 3-17 元件编辑界面

**2. 转换为元件**

在舞台中选定一个或多个对象，在菜单栏中选择"修改/转换为元件"命令，或按下 F8 键，在弹出如图 3-18"转换为元件"对话框中键入元件名称并选择类型，在对齐中选择元件的中心点。单击"确定"即可。

图 3-18 转换为元件对话框

3. 我们要创建的元件内容，可以使用绘图工具绘制，导入外部素材或拖动其他元件的实例等方法。若要返回到文档编辑模式即场景中，我们可以进行下列操作之一：

● 选择"编辑/编辑文档"。

● 在"窗口/工具编辑栏"中单击场景名称 [ 场景1 ]。

### 3.4.3 关于实例

把元件从库面板中拖入舞台时，舞台上就增加了一个该元件的实例。创建元件之后，我们可以在文档中任何需要的地方创建元件的实例。

我们可以随意地对实例进行缩放、改变颜色等操作。对实例进行的这些操作不会影响到元件本身，如图 3-19 所示，但如果我们对元件进行修改，那么 Flash 就会更新该元件的所有实例。这些概念，我们在以后的动画制作过程中会深有体会的。

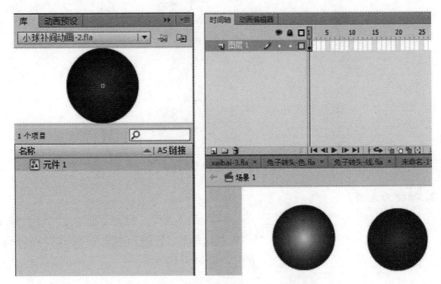

图 3-19　库中元件与修改颜色实例

### 3.4.4 改变实例

每个元件实例都有独立于该元件的自己的属性。我们可以改变实例的色调、透明度和亮度；重新定义实例的类型（如图形更改为影片剪辑）；也可以倾斜、旋转或缩放实例，给实例添加滤镜和设置混合模式，这些操作不会影响元件的本身。

**1. 改变实例的类型**

我们可以通过改变实例的类型来重新定义它在 Flash 应用程序中的行为。它的操作过程如下：

在舞台上选择要改变的实例，在属性面板中，单击实力类型，如图 3-20 所示，在下拉列表中选择新的类型，如图形、按钮、影片剪辑，然后再设置新的类型的属性。

图 3-20　改变实例的类型

**2. 改变实例的样式**

　　每个元件实例都可以有自己的样式，改变实例的样式如图 3-21 所示，在属性面板中选择"样式"的下拉列表中，将实例的亮度、色调、高级和 Alpha 等效果进行设定。

图 3-21　样式的下拉列表

### 3.4.5 使用库面板管理资源

**1. 关于库**

我们创建的任何元件都会自动成为当前文档库的一部分，那么什么是库？库有什么作用呢？

其实库是用来存储和管理导入文件（如视频剪辑、声音剪辑、位图）和导入的矢量插图以及我们创建的元件。库就像一座"零件仓库"，导入的各种文件和创建的元件就像存放在"仓库"中的"零件"。合成动画时，我们只需要把这些元件从库中拖出来，"装配"到动画中即可。

库可以给我们带来方便，省去很多重复操作，且不同文档之间的库可以互相调用。

**2. 库面板**

在菜单栏中选择"窗口/库"打开库面板。如图 3-22 所示库面板的详细说明，或按快捷键 Ctrl+L。同时，在制作动画时我们可以使用系统自备的公用库，打开菜单栏中"窗口/公用库"命令选择按钮、声音等元件来使用。

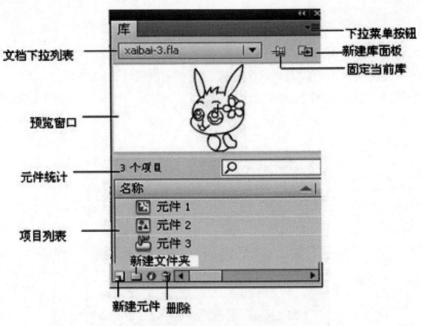

图 3-22　库面板的详细说明

**3. 元件的分类管理**

在大型的 Flash 动画制作过程中，通常会有很多不同类型的动画元件，为了提高工作效率，我们可以对元件库中的元件进行分类管理。

　　单击元件库面板下面的"新建文件夹"按钮,即可快捷地创建一个元件的文件夹,输入文件夹的名称,用鼠标将相应的元件拖入到该文件夹中,可以对元件库中的元件有序管理,使用方便。如图 3-23 所示。

图 3-23　元件分类管理

**4. 元件的复制**

　　在元件库中选中要复制的元件,按下鼠标右键,在弹出的下拉菜单中选择"直接复制"命令,弹出"直接复制元件"对话框,在该对话框中可以完成新元件的设置,如图 3-24 所示。

　　通过对元件库中的元件直接进行复制,可以快捷地得到一个新元件,对该元件进行编辑,可以在原来的图形基础上很快地编辑出新的元件。

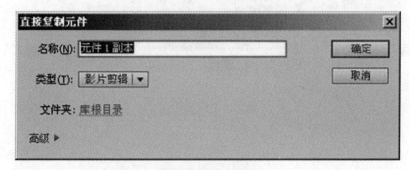

图 3-24　复制元件

**5. 元件的删除**

对于库中多余的元件进行删除，可以有效地减少 Flash 制作文件和播放文件的体积。当影片制作完成后，按下元件库右上角的"下拉菜单"按钮，在弹出的菜单中选择"删除"命令，或按库面板下方的"删除"按钮。误删除元件时，可以选择菜单栏中"编辑 / 撤销"命令或快捷键 Ctrl+Z 进行恢复。

# 3.5　滤镜的使用

滤镜是 Flash CS6 中新增功能，它的出现弥补了 Flash 在文字、图形效果处理方面的不足，可以让我们制作出许多以前只在 Photoshop 或 Fireworks 等软件中才能完成的效果，比如投影、模糊、发光、斜角、渐变发光、渐变斜角和调整颜色等效果设置。

滤镜效果只适用于文本、影片剪辑和按钮中。当场景中的对象不适合应用滤镜效果时，属性面板中没有"滤镜"选项，为不可用状态。在场景中输入一段文字，或插入一个影片剪辑和按钮，选中对象属性面板中会出现"滤镜"选项，单击会弹出如图 3-25 所示滤镜面板。

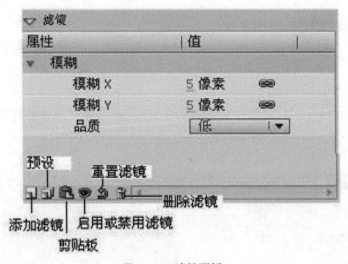

图 3-25　滤镜面板

## 3.6　案例制作

### 3.6.1　分子图

案例效果

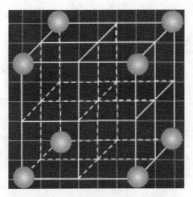

图 3-26　立方体上的球体效果图

1. 网格
2. 直线工具
3. 椭圆形工具
4. 径向渐变

 上机操作　范例：Sample\3\1_ori.fla
成品：Sample\3\1\.fla

制作过程

步骤 1　新建一个文档，大小为 600×600 像素。在舞台中显示网格线，选择
"视图 / 网格 / 显示网格"命令，如图 3-27 所示。

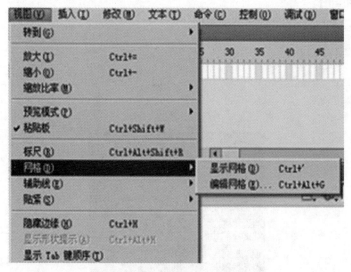

图 3-27 "网格"命令菜单

步骤 2 重新编辑网格，在视图菜单下选择"编辑网格"，会弹出如图 3-28 所示对话框。选择网格颜色为绿色，大小为 $30 \times 30$ 像素，点击"确定"按钮。

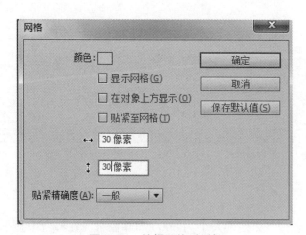

图 3-28 编辑网格对话框

　　步骤 3　舞台中显示了绿色的网格线，依照图 3-29 所示，用线条工具绘制一个立方体。立方体内部以及背面的线都是虚线。

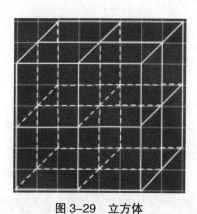

图 3-29　立方体

　　步骤 4　新建图层 2，绘制一个圆形，其中填充径向渐变，颜色由浅黄到橙色。按住 Ctrl 键，用鼠标左键拖拽复制 7 个，分别放在立方体的 8 个顶点上。

### 3.6.2　雪人

案例效果

图 3-30　雪人效果图

技能知识

1. 图层
2. 绘图工具
3. 线性渐变

上机操作　范例：Sample\3\2_ori.fla
成品：Sample\3\2.fla

制作过程

步骤 1　新建一个文档，大小为 500×400 像素。

步骤 2　选择矩形工具，在舞台中绘制一个无笔触的矩形边框，选中矩形，按下 Ctrl+I 打开信息面板，设置矩形尺寸为 500×400 像素，如图 3-31 所示。打开对齐面板与舞台中心对齐。

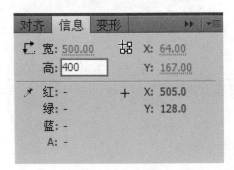

图 3-31　信息面板

步骤 3　打开颜色面板选择线性渐变颜色由淡蓝色（#89DEFE）到蓝色 (#136ACE)，选择颜料桶工具，填充矩形，填充方向从下到上，按住并用鼠标进行填充，再按下 Ctrl+G 对其进行组合，作为天空的背景。如图 3-32、图 3-33 所示。

图 3-32　设置渐变颜色面板

图 3-33　填充线性渐变颜色方向

步骤 4　新建一图层，改名为雪地。选择矩形工具，绘制一个 Alpha 值为 60% 的淡蓝色（#ECFCFF）无笔触的矩形，选择铅笔工具，选择平滑属性，在矩形块上绘制一段波浪线，将其上半部分及铅笔绘制的线条删除。对其进行组合。

步骤 5　用同样的方法绘制 3 层雪地背景，如图 3-34 所示。

图 3-34　雪地效果图

步骤 6　新建文件夹改名为背景，将我们绘制的背景层及雪地层拖入背景的文件夹中。

步骤 7　新建文件夹改名为雪人，在文件夹下新建几个图层命名为头、身、眼睛、阴影等，使用椭圆形工具绘制笔触为淡蓝色、透明度为 50%、填充颜色为白色的椭圆，使用刷子工具将填充色透明度降低绘制阴影。雪人图层效果如图 3-35 所示。雪人造型如图 3-36 所示。

图 3-35　雪人图层效果图

图 3-36　雪人造型

步骤 8　新建一个图层爆竹，在绘图的工作区中绘制无笔触、内部填充色为红色（#FF3300）到橙黄 (#FF9900) 到红色、线性渐变的长方形。如图 3-37 颜色面板设置效果。如图 3-38 绘制爆竹外形。

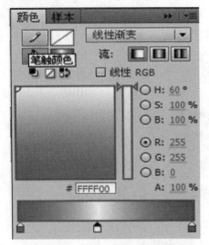

图 3-37　设置渐变颜色面板

图 3-38　绘制爆竹外形

　　步骤 9　选择线条工具在爆竹外形上、下方截取相同尺寸的两个矩形，为其填充线性渐变颜色为：橙黄色 (#FF9900) 到黄色到橙黄色，如图 3-39 所示设置线性渐变颜色面板。按 Ctrl+G 对图形进行组合。爆竹及编辑生成如图 3-40 所示。

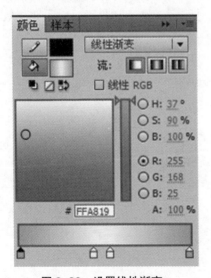

图 3-39　设置线性渐变

图 3-40　绘制好的爆竹

　　步骤 10　选择变形工具倾斜将爆竹倾斜一定角度。选中爆竹层，复制（Ctrl+C）新建一层爆竹 1，选择第 1 帧按 Ctrl+Shift+V 原位置粘贴上，使用选择工具移动位置。全选后复制多个。如图 3-41 所示爆竹效果图。

图 3-41　爆竹的效果图

　　步骤 11　新建一层，选择铅笔工具，笔触为 3 像素，黑色绘制线条，使用选择工具将直线转换为曲线即可。

### 3.6.3　树

案例效果

图 3-42　小树的效果图

技能知识

　　1. 文件导入
　　2. 直线工具
　　3. 变形工具

上机操作

范例：Sample\3\3_ori.fla

成品：Sample\3\3.fla

制作过程

步骤 1　将图层 1 命名为背景，选择"文件 / 导入 / 导入到舞台"命令。将"树背景 .jpg"文件打入到舞台，设置大小为 550×400 像素，与舞台中心对齐，并隐藏图层。

步骤 2　新建一层树叶，选择线条工具，绘制树叶，如图 3-43 所示树叶的效果图。

图 3-43　树叶的效果图

步骤 3　全选树叶，单击右键，在弹出的下拉菜单中选择"转换为元件"，名称为树叶，类型为图形元件。如图 3-44 所示。选择变形工具，调整大小。打开库面板拖出几个树叶，改变形状。或按住 Alt 键拖动鼠标复制几个。

| 转换为元件 | | ✕ |
|---|---|---|
| 名称(N): 树叶 | | 确定 |
| 类型(T): 图形 ▼　对齐：▦ | | 取消 |
| 文件夹：库根目录 | | |
| 高级 ▶ | | |

图 3-44　树叶转换为元件面板

步骤 4　用任意变形工具来调整树叶的角度。选择图层 1 中的树叶，单击任意变形工具，然后调整树叶的中心点到左下方，让树叶依照调整后的中心点来旋

转、调整。新建一层树干，选择刷子工具绘制树干。调整树叶位置，生成如图
3-45 所示的树的效果。

图 3-45　树的效果

　　步骤 5　新建一层树。选中树叶、树干层 Ctrl+G 组合，复制（Ctrl+C）选择树
层第 1 帧按 Ctrl+Shift+V 原位置粘贴上。如图 3-46 时间轴面板所示拖拽到适当的
位置，选择任意变形工具将其缩小。
　　步骤 6　将隐藏的背景层取消即可。

图 3-46　树的时间轴面板

# 第 4 章
## 创建基本动画

在 Flash CS6 中可以轻松地创建丰富多彩的动画效果，并且只需要通过更改时间轴每一帧的内容，就可以在舞台上创作出移出对象、增加或减小对象大小、更改颜色、旋转、淡入淡出或更改形状等效果。

本章通过详细的例子，介绍了 Flash 中几种简单动画的创建方法，包括逐帧动画和补间动画。补间动画包含了动作、形状、传统三大类动画的制作方法及效果。

在 Flash CS6 中创建动画的方法有两种：逐帧动画和补间动画。逐帧动画也称作帧并帧动画；而补间动画又分为三种：一种是形状补间，一种是传统补间，一种是动画补间。我们在创作动画时可以根据动画的形式来选择制作动画的方法，创建运动的效果。

## 4.1 逐帧动画

逐帧动画：是一种常见的动画形式，将动画中的每一帧都设置为关键帧，在每一个关键帧中创建不同的内容，就成为逐帧动画。其帧原理是在"连续的关键帧"中分解动画动作，也就是说它是更改每一帧中的舞台内容，使其连续播放而成动画。

因为逐帧动画的帧序列内容不一样，不但给制作增加了负担，而且最终输出的文件量也很大，但它的优势也很明显：逐帧动画具有非常大的灵活性，几乎可以表现任何想表现的内容，而它类似于电影的播放模式，很适合于表演细腻的动画。例如：人物或动物急剧转身、头发及衣服的飘动、走路、说话以及精致的 3D 效果等。

### 4.1.1　奔跑的马

案例效果

图 4-1　奔跑的马效果图

技能知识

1. 导入位图
2. 逐帧动画的创建

　上机操作　　范例：Sample\4\1\1_ori.fla
　　　　　　　　　　成品：Sample\4\1\1fla

提　示　　　　本案例是利用导入的一组静态图片建立逐帧动画的，同样可以使用快捷键来完成。用 jpg、png 等格式的静态图片连续导入到 Flash 中，就会建立一段逐帧动画。

制作过程

　　步骤 1　新建一个文档，舞台大小为 550×400 像素，背景色为黑色。
　　步骤 2　选择菜单栏中"文件 / 导入 / 导入到舞台"命令，弹出如图 4-2"导入"对话框。选择第一个素材图"马 1.jpg"单击"打开"。在弹出的对话框中，单击"是"。生成马奔跑的逐帧动画。如图 4-3 所示，时间轴中逐帧动画帧的表现方法。
　　步骤 3　按下快捷键 Ctrl+Enter，测试影片。

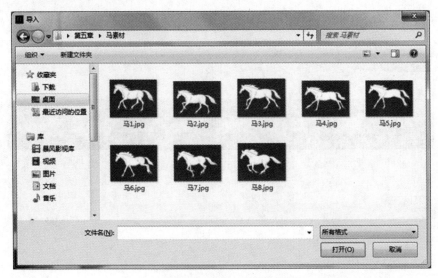

图 4-2  导入对话框

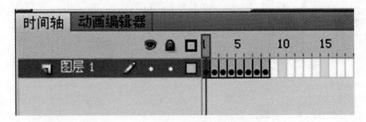

图 4-3  时间轴中逐帧动画的帧排列

## 4.1.2  倒计时时间牌

案例效果

图 4-4  倒计时时间牌效果图

技能知识

1. 绘图工具
2. 文本工具
3. 关键帧

上机操作

范例：Sample\4\1\2_ori.fla
成品：Sample\4\1\2.fla

步骤 1　新建一个背景色为灰色的新文件，在时间轴面板上双击"图层 1"，将图层 1 重新命名为"背景"。如图 4-5 所示图形效果。

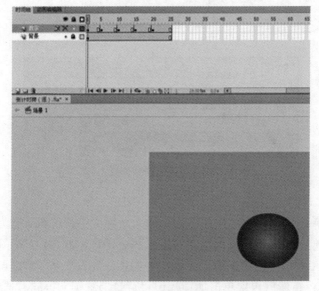

图 4-5　图形效果

步骤 2　选择椭圆工具，按住 Shift 键绘制一个正圆，通过属性面板更改属性：无笔触，内部填充色为：径向渐变，由红色到黑色。绘制完成后，按 Ctrl+K 打开对齐面板，勾选与舞台对齐，选择水平中齐、垂直中齐按钮。将正圆对齐。如图 4-6 所示对齐面板。

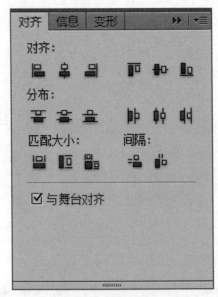

图 4-6　对齐面板

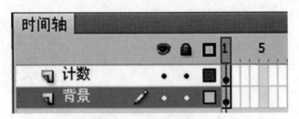

图 4-7　时间轴面板

步骤 3　单击时间轴上"图层名称"插入新层，将其重新命名为"计数"。给背景层上锁，使其锁定，以确保后面的操作不受影响。如图 4-7 所示时间轴面板。

步骤 4　在数字层的第 1 帧上使用文本工具，键入数字"5"，调整"5"的字号、颜色为白色；然后再次单击加锁标记将背景层解锁，再同时选中圆和"5"，按快捷键 Ctrl+K，打开对齐面板，与舞台水平、垂直中齐。使圆和数字"5"对齐于舞台正中心。

步骤 5　选择数字层中的第 1 帧，在第 5、10、15、20 帧处插入 F6 键，并依次选择这些关键帧，再选择文本工具将"5"分别改为 4、3、2、1。

步骤 6　将背景层、计数层分别延续到 25 帧（在 25 帧处插 F5），此时计数层一共有 25 帧，背景层也是 25 帧，如图 4-8 所示最终时间轴。

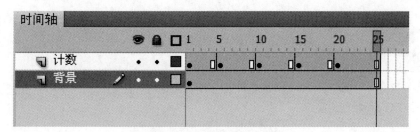

图 4-8 最终时间轴效果

步骤 7 按下快捷键 Ctrl+Enter，测试影片。

提 示     如果想将倒计时改为正计数，用鼠标拖动将数字层中的所有帧都选中，单击右键从快捷菜单中选择"翻转帧"，这样，帧的次序就是从 1 开始了。

### 4.1.3 宝宝诞生

案例效果

图 4-9 宝宝诞生效果图

技能知识

1. 椭圆工具
2. 选择工具
3. 绘图纸外观
4. 修改 / 变形 / 水平翻转

上机操作 范例：Sample\4\1\3_ori.fla
成品：Sample\4\1\3.fla

步骤 1　新建文档，大小 440×300 像素，背景颜色为白色。

步骤 2　将图层 1 改为背景，Ctrl+L 打开库面板，将位图拖入到舞台，选择第 30 帧插入普通帧（F5）。

步骤 3　新建图层 2 改名为形状，选择椭圆形工具，无笔触，填充颜色为 #FADFC4，绘制正圆。分别在第 5、8、10、12、14、17、20、23 帧复制（按 F6 键）第 1 帧的正圆。用选择工具调整如图 4-10 所示帧中的图形效果。

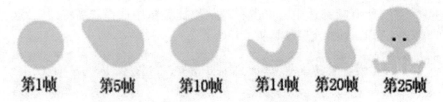

图 4-10　调整帧的效果图

步骤 4　选择形状层的第 25 帧，打开库面板将图形元件拖入舞台中，点击 "绘图纸外观"按钮，使元件与第 25 帧的圆形重叠。如图 4-11 所示绘图效果。

图 4-11　绘图效果

步骤 5　新建图层 3 改名为形状，在第 26 帧插入空白关键帧（F7），选择矩形工具绘制一个小矩形，用选择工具调整后，按住 Alt 键拖动复制一个。全选两个再拖动复制、移动后选择"修改 / 变形 / 水平翻转"命令。

步骤 6　按下快捷键 Ctrl+Enter，测试影片。

## 4.2　补间形状动画

补间形状动画：在 Flash 的时间帧面板上，在一个关键帧上绘制一个形状，然后在另一个关键帧上更改该形状或绘制另一个形状等，Flash 将自动根据二者之间帧的值或形状来创建的动画。

它可以实现两个图形之间颜色、形状、大小、位置的相互变化。补间形状动画建立后，时间帧面板的背景色变为淡绿色，在起始帧和结束帧之间也有一个长长的箭头如图 4-12 所示；构成补间形状动画的元素多为绘制的形状，而不能是图形元件、按钮、文字等，如果要使用图形元件、按钮、文字，则必先分离（Ctrl+B）后才可以做补间形状动画。

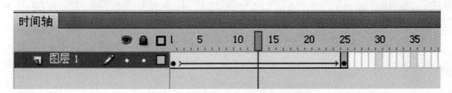

图 4-12　补间形状时间轴效果

补间形状的创建方法有两种，第一种是将鼠标放在时间轴两个关键帧中间，在菜单栏中选择"插入 / 补间形状"命令。第二种同样是将鼠标放在时间轴两个关键帧中间并单击右键，在弹出的下拉菜单中选择"创建补间形状"，如图 4-13 所示。

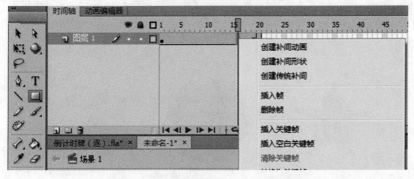

图 4-13　创建补间形状的下拉菜单图

### 4.2.1 简单的补间形状

 技能知识

1. 绘图工具
2. 补间形状

上机操作　　范例：Sample\4\2\1_ori.fla
　　　　　　成品：Sample\4\2\1.fla

制作过程

步骤 1　新建文件，系统默认即可。

步骤 2　在时间轴的第 1 帧，选中多边形工具，无笔触，内部填充色为红色，在属性面板中选择"选项"按钮弹出如图 4–14 工具设置对话框，样式为星形，边数为 5，在舞台上绘制红色星形。如图 4–15 所示。

步骤 3　在第 20 帧处按 F7 键插入一个空白关键帧。在舞台上绘制蓝色十边形。如图 4–15 所示。

图 4–14　工具设置对话框

图 4–15　变化的三个图形

步骤 4　在第 40 帧处按 F7 键插入一个空白关键帧。然后，绘制黄色十角星，如图 4-15 所示。

步骤 5　选择 1—20 帧之间任意一帧，单击菜单栏中"插入 / 补间形状"命令，或单击右键在弹出的下拉菜单中选择"创建补间形状"命令。再在 20—40 帧之间创建补间形状。这时，在时间轴窗口中看到一个箭头出现，并且 1—40 帧都变为了淡绿色。在创建补间形状时也可以用鼠标拖动同时选中 1—40 帧之间的部分帧，如图 4-16 所示。

步骤 6　按下快捷键 Ctrl+Enter，测试影片。

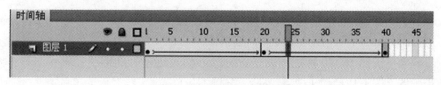

图 4-16　补间形状的时间轴

## 4.2.2　文字的补间形状

技能知识

1. 文本工具
2. 修改 / 分离
3. 补间形状

　上机操作　范例：Sample\4\2\2_ori.fla
成品：Sample4\4\2.fla

制作过程

在前面我们讲过文字是不能直接做补间动画的，需要我们将文字分离。

步骤 1　建立一个新文件，用文本工具输入"FLASH"字母，调整字体、字号、颜色。

步骤 2　在舞台上输入英文"FLASH"，它是一个整体，不能创建补间形状，要把字母分离，其快捷键是 Ctrl+B，分离之后再选择字母时，就要经过两次分离，第一次分离是将"FLASH"分成 5 个字母，如图 4-17 第一次分离效果图。第二次分离才是将字母转化为图形，在文字上有一些小点点。如图 4-18 所示第二次分离的效果图。

图 4-17　第一次分离效果图　　　　图 4-17　第二次分离效果图

步骤 3　在第 20 帧处按 F7 键插入一个空白关键帧。再选择文本工具，输入英文"PHOTOSHOP"，并分离两次，变成图形。

步骤 4　选择 1—20 帧之间的任意一帧，然后创建补间形状动画。

步骤 5　按下快捷键 Ctrl+Enter，测试影片。

### 4.2.3　蝌蚪变青蛙

技能知识

1. 绘图工具
2. 刷子工具
3. 补间形状

上机操作　范例：Sample\4\2\3_ori.fla
成品：Sample\4\2\3.fla

步骤 1　新建文档，系统默认即可。

步骤 2　在时间轴第 1 帧，选择椭圆工具、刷子工具及选择工具绘制如图 4-18 所示蝌蚪的形状。

步骤 3　选择时间轴第 15 帧，插入空白关键帧（F7），选择刷子工具及油漆桶工具绘制如图 4-19 中青蛙的图形。

步骤 4　选择 1—15 帧之间的任意一帧，然后创建补间形状动画。如果我们想让青蛙的图形在舞台上停留一段时间可以选择第 25 帧插入普通帧（F5）。

步骤 5　按下快捷键 Ctrl+Enter，测试影片。

图 4-19　蝌蚪及青蛙效果图

### 4.2.4　添加形状提示

补间形状动画看似简单，实则不然，Flash 在"计算"2 个关键帧中图形的差异时，远不如我们想象中的"聪明"，尤其前后图形差异较大时，变形结果会显得乱七八糟，这时，"添加形状提示"功能会大大改善这一情况。

**1．形状提示的作用**

在"起始形状"和"结束形状"中添加相对应的"形状提示点"，使 Flash 在计算变形过渡时依一定的规则进行，从而较有效地控制变形过程。

**2．添加形状提示的方法**

为了得到流畅自然的形状变形动画，在创建补间形状完成后，在补间形状动画的开始帧上单击一下，再执行"修改 / 形状 / 添加形状提示"命令，如图 4-20 所示。

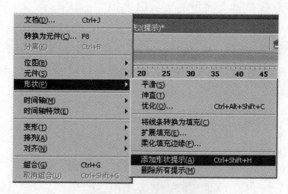

图 4-20　形状提示命令

添加完后在图形上会显示一个带有字母 a 的红色圆圈，再选择结束帧上的图形也有一个相同的字母 a，把它放在合适位置，当点击空白处时起始帧的提示点会变成黄色圆圈，而结束帧的提示点变成绿色。如果不发生改变，则是提示点没有放在图形的边界上，可以用鼠标调整一下。如图 4-21 添加形状提示点的效果。

图 4-21　添加提示点的效果

**3. 添加形状提示的技巧**

- "形状提示"可以连续添加，最多能添加 26 个。
- 将变形提示从形状的左上角开始按逆时针顺序摆放，将使变形提示工作更有效。
- 形状提示的摆放位置也要符合逻辑顺序。例如，起点关键帧和终点关键帧上各有一个三角形，我们使用 3 个"形状提示"，如果它们在起点关键帧的三角形上的顺序为 abc，那么在重点关键帧的三角形上的顺序就不能是 acb，也要是 abc。
- 形状提示要在形状的边缘才能起作用，在调整形状提示位置前，要打开工具栏下方选择紧贴至对象按钮，这样，会自动把"形状提示"吸附到边缘上，如果发觉"形状提示"仍然无效，则可以用工具栏上的缩放工具单击形状，放大到足够大，以确保"形状提示"位于图形边缘上。
- 要删除所有的形状提示，可执行"修改 / 形状 / 删除所有提示"命令。删除单个形状提示，可用鼠标右键单击它，在弹出菜单中选择"删除提示"。如图 4-22 所示。在这个菜单上也可以将所有提示点都删除，或者隐藏提示点。

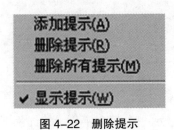

图 4-22　删除提示

### 4.2.5　鸡蛋变小鸡

1. 径向渐变
2. 补间形状
3. 添加形状提示

上机操作　范例：Sample\4\2\5_ori.fla
　　　　　成品：Sample\4\2\5.fla

制作过程

步骤 1　新建文档，背影色为白色。

步骤 2　将图层 1 改为变形，选择椭圆形工具，无笔触，填充颜色：#FFF5C4（浅黄）到 #FFCC66（黄）径向渐变。绘制椭圆，用选择工具调整形状。

步骤 3　选择第 10 帧，复制（F6），选择第 60 帧插入空白关键帧（F7），使用椭圆工具和笔刷工具绘制小鸡的形状。

步骤 4　选择第 10—60 帧之间，创建补间形状。

步骤 5　选择第 10 帧在菜单栏中"修改 / 形状 / 添加形状提示"两次。如图 4-23 所示添加提示点效果。

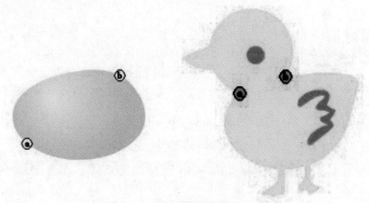

图 4-23　绘图及添加提示点效果

步骤 6　按下快捷键 Ctrl+Enter，测试影片。

### 4.2.6 翻书

案例效果

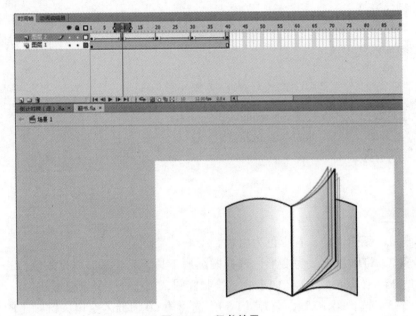

图 4-24 翻书效果

技能知识

1. 绘图工具
2. 选择工具
3. 补间形状
4. 添加形状提示

 上机操作

范例：Sample\4\2\6_ori.fla

成品：Sample\4\2\6.fla

步骤 1 新建一个 Flash 文档，背景颜色为白色。

步骤 2 选择 "矩形工具" 在舞台绘制一个矩形，大小为 150×200，边线为黑色，笔触大小为 2。在颜色面板中设置线性渐变，左端的颜色值为白色，右端的为浅粉色（#FFCCCC）。

步骤 3　选择"选择工具"调整矩形的形状，如图 4-25 所示。

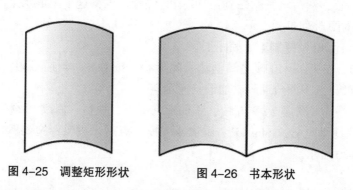

图 4-25　调整矩形形状　　　　图 4-26　书本形状

步骤 4　选择整个图形，按 Ctrl+C 快捷键复制后，再按 Ctrl+Shift+V 原位置粘贴。将复制后的图形翻转，执行"修改 / 变形 / 水平翻转"命令，然后调整图形的位置，制作成书本的形状，如图 4-26 所示。

在调整位置时，最好不要用鼠标拖动它，用光标键来移动，这样可以保证图形在同一水平线上。

步骤 5　新建图层 2，选择图层 2 的第 1 帧，将右边书页再粘贴一次。在图层 2 的第 10 帧位置按下 F7 键，插入空白关键帧，在这一帧上绘制一个大小为 100×200 像素的矩形，再用"选择工具"调整形状，如图 4-27 所示。

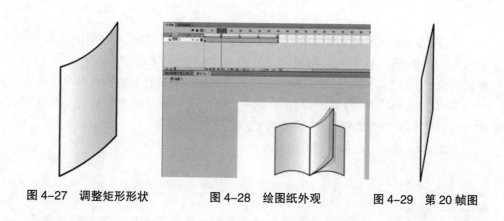

图 4-27　调整矩形形状　　　　图 4-28　绘图纸外观　　　　图 4-29　第 20 帧图

步骤 6　将第二次绘制的矩形与最开始绘制的矩形的右边对齐。在这里可以使用"绘图纸外观"打开对齐，如图 4-28 所示。

步骤 7　在图层 2 第 20 帧的位置绘制如图 4-29 所示的图形，右边对齐。

步骤 8　再在第 30 帧的位置插入空白关键帧，这一帧上的图形与第 10 帧相似，可以用"复制帧"的方法。在第 10 帧上单击鼠标右键，在弹出的快捷菜单中选择"复制帧"，然后将其粘贴到第 30 帧的位置，再将这个图形水平翻转，然后左边与前面的图形对齐。

步骤 9　第 40 帧复制第 1 帧图形。

步骤 10　在第 1—40 帧之间创建补间形状。按 Enter 键预览影片，现在的动画不是翻书效果，下面给动画添加形状提示点。

步骤 11　选择图层 2 第 10 帧，添加形状提示，执行"修改 / 形状 / 添加形状提示"，其快捷键是 Ctrl+Shift+H。添加 4 个提示点后，用鼠标拖到图形的 4 个边上，如图 4-30 所示。

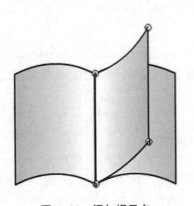
图 4-30　添加提示点

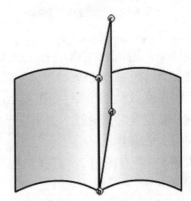
图 4-31　第 20 帧上的提示点

步骤 12　选择图层 2 第 20 帧，调整图形上的提示点与第 10 帧的提示点放置的位置相同，如图 4-31 所示。调整之后，第 10 帧上的提示点变为黄色，第 20 帧上的提示点变为绿色，如果颜色不发生变化，说明提示点没有放置好，可再次调整。

步骤 13　再在第 20 帧上添加 4 个提示点，这 4 个点放置的位置与原来的提示点位置重合。然后调整第 30 帧上的提示点，方法同前。

步骤 14　按 Ctrl+Enter 测试影片。

提　示　　在制作复杂的变形动画时，形状提示的添加和拖放要多方位尝试，每添加一个形状提示，最好播放一下变形效果，然后再对变形提示的位置做进一步的调整。

## 4.3　动作补间动画

创建补间动画：在舞台上画出一个元件实例以后，不需要在时间轴的其他地方再放关键帧，直接在该层上选择补间动画，会变成蓝色。之后，我们只需要先在时间轴上选择你需要加关键帧的地方，再直接拖动舞台上的元件实例，就自动形成一个补间帧，生成补间动画。这个补间动画的路径是可以直接显示在舞台上，并且是有调动手柄可以调整的。如果没有补间动画的时间要求，系统会自动生成 24 帧的补间区，如图 4-32 所示。而我们在创建一段时间轴上使用创建补间动画，则需要在结束的后面一帧上事先加上关键帧，截取补间动画。

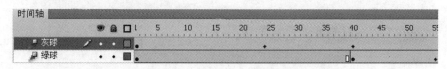

图 4-32　动作补间动画时间轴

补间形状的创建方法有两种，第一种是将鼠标放在时间轴第 1 个关键帧上，在菜单栏中选择"插入/补间动画"命令。第二种同样是将鼠标放在时间轴第 1 个关键帧上，并单击右键在弹出的下拉菜单中选择"创建补间形状"。图 4-33 为创建补间形状的下拉菜单。

图 4-33　创建补间形状的下拉菜单

提示　在制作补间动画时要求插入的对象必须是元件实例，如果不是元件实例，将弹出如图 4-34 的对话框，我们单击"确定"按钮就可以将所选内容转换成元件，系统自动新建一图层，如图 4-35 时间轴图层面板，生成补间动画。

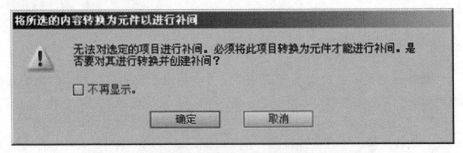

图 4-34　"将所选的内容转换为元件以进行补间"对话框

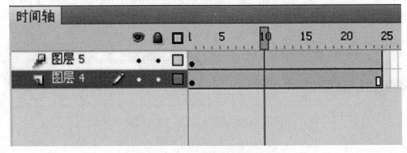

图 4-35　时间轴图层面板效果

### 4.3.1　小球运动

1. 创建元件
2. 实例
3. 补间动画

上机操作　　范例：Sample\4\3\1_ori.fla
　　　　　　成品：Sample\4\3\1.fla

我们通过小球运动来讲解补间动画的创建及路径的调整方法。

步骤1　新建文档，Ctrl+F8 创建一个小球元件的图形元件。

步骤2　返回场景，Ctrl+L 打开库面板，将元件拖入舞台中，选择第 1 帧单击右键，在弹出的下拉菜单中选择"创建补间动画"命令。图层的图标将变为▉。如

图 4-36 所示在时间轴中自动生成 24 帧的补间区域。

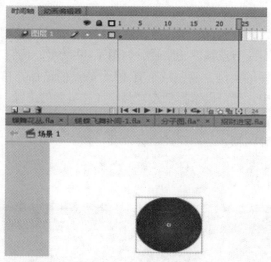

图 4-36 时间轴中自动生成 24 帧的补间区域效果

步骤 3 选择 24 帧，移动元件，在 24 帧处自动生成补间帧，并伸出路径，此路径共有 24 个节点，即每一帧一个运动节点，我们可以使用"选择工具"来改变路径的弯曲度，如图 4-37 所示。也可以选择"部分选取工具"改变路径切线方向，如图 4-38 所示。小球运动的方向是任意的。

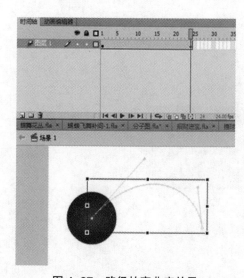

图 4-37 路径的弯曲度效果

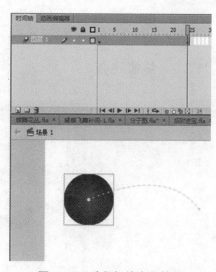

图 4-38 路径切线方向效果

85

提 示

我们在创建补间动画时，可以在补间区域选择任意帧后，移动元件实例位置，在时间轴上会生成补间，同时也会生成对应节点帧数的路径，如图 4-39 所示，我们在第 10 帧拖动元件的实例，就生成了有 10 个节点的路径。在已生成补间动画中，也可以选择任意帧移动元件实例的位置，来调整运动方向。每调整一次元件实例的位置，在时间轴面板上就会生成一个补间帧，运动路径也会改变，如图 4-40 所示。

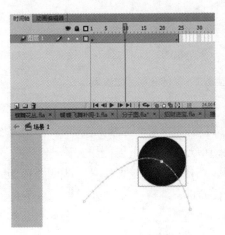

图 4-39　第 10 帧效果

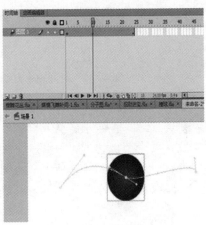

图 4-40　路径改变效果

### 4.3.2　蝴蝶飞舞

案例效果

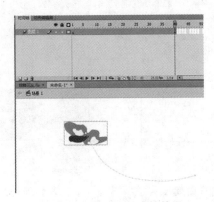

图 4-41　补间动画路径效果

技能知识

1. 刷子工具
2. 元件
3. 补间动画

上机操作

范例：Sample\4\3\2_ori.fla
成品：Sample\4\3\2.fla

制作过程

下面我们来制作一个利用影片剪辑和改变补间路径的方法使蝴蝶飞舞的动画。

步骤 1　新建文档，按 Ctrl+F8 键，新建一个"蝴蝶"影片剪辑元件，进入元件的编辑区。

步骤 2　在这个影片剪辑元件中我们要制作出蝴蝶飞舞的 4 帧逐帧状态（翅膀落下、翅膀平飞、翅膀落下、翅膀扬起），将舞台放大到 800%。在第 1 帧处选择"刷子"工具，填充颜色：#CC6633。绘制蝴蝶飞舞过程中"翅膀落下"时的状态，并且插入普通帧延续 1 帧的时间，蝴蝶的 4 帧状态放大后的效果如图 4-42 所示。

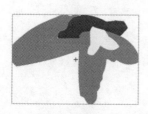
第 1 帧　翅膀落下

第 2 帧　翅膀平飞

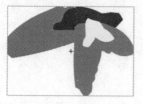
第 3 帧　翅膀落下

第 4 帧　翅膀扬起

图 4-42　蝴蝶的 4 帧状态

步骤 3　在影片剪辑元件第 3 帧处插入空白关键帧（F7）绘制蝴蝶飞舞过程中 "翅膀平飞" 的状态，放大后的效果如图 4-42 所示。

步骤 4　首先单击第 5 帧，插入空白关键帧 F7，然后单击第 1 帧右键，选择复制帧（Ctrl+C），将其内容原位置粘贴（Ctrl+Shift+V）到第 7 帧中，如图 4-41 所示。

步骤 5　单击第 7 帧，插入空白关键帧 F7，在此绘制蝴蝶飞舞过程中 "翅膀扬起" 时的状态，并且延续第 9 帧，放大后的效果如图 4-42 所示。

步骤 6　回到场景，在图层 1 第 1 帧打开库面板，将蝴蝶元件拖入舞台中，选择第 1 帧单击右键，在弹出的下拉菜单中选择创建补间动画。

步骤 7　在时间轴面板上选择第 40 帧插入普通帧，并移动蝴蝶实例，生成补间动画（如果不延续到 40 帧，系统自动生成 24 帧动画）。

步骤 8　选择 "选择" 工具，将生成的路径调整成曲线，如图 4-43 所示。

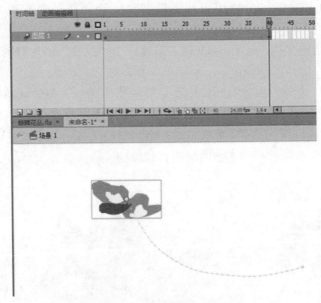

图 4-43　补间动画路径效果

步骤 9　按 Ctrl+Enter 测试影片。

## 4.4　传统补间动画

传统补间动画与补间动画类似，但是创建起来更复杂。传统补间动画是在 Flash 动画中非常重要的一种表现手法。传统补间动画只需要创建起始帧和结束帧中的内容，而中间各帧由 Flash 自动计算生成，从而使画面从一个关键帧平滑过渡到下一关键帧处。在普通的动画项目中，用传统的比较多，更容易把控，而且传统补间比新补间动画产生的尺寸要小，放在网页里更容易加载。

构成动作补间动画的元素必须是元件，包括影片剪辑、图形元件、按钮、文字、位图、组合等，要注意的是它不能是形状，只有把形状"组合"或者转换成"元件"后才可以做传统补间动画。

创建传统补间动画时在一个关键帧上放置一个元件，然后在另一个关键帧上改变这个元件的大小、颜色、位置、透明度等属性。动作补间动画建立后，时间轴面板的背景色变为淡紫色，在起始帧和结束帧之间有一个长的实心箭头。如图4-44 所示。

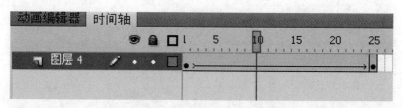

图 4-44　传统补间动画时间轴

补间形状的创建方法有两种，第一种是将鼠标放在时间轴两个关键帧中间，在菜单栏中选择"插入 / 传统补间"命令。第二种同样是将鼠标放在时间轴两个关键帧中间并单击右键，在弹出的下拉菜单中选择"创建传统补间"，如图 4-45所示。

图 4-45　创建传统补间下拉菜单

### 4.4.1 弹跳的篮球

案例效果

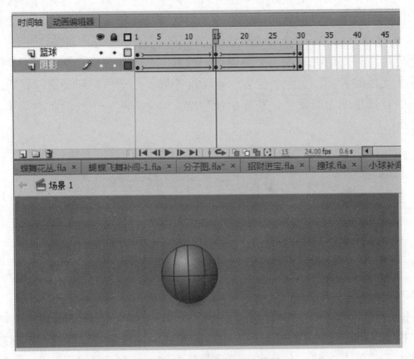

图 4-46　弹跳的篮球效果图

技能知识

1. 绘图工具
2. 渐变变形工具
3. 元件、实例
4. 传统补间

上机操作

范例：Sample\4\4\1_ori.fla
成品：Sample\4\4\1.fla

制作过程

利用动作补间动画可以实现的动画效果有位置、大小、旋转、透明度、颜色等变化。下面我们就来学做一个位置、大小发生变化的实例——篮球上下运动，而阴影是大小运动。

提　示

　　步骤 1　新建文档，默认大小为 550×400 像素，颜色为白色，帧频为 24fps。修改舞台时使用"修改 / 文档"菜单，或点击属性面板中"编辑"按钮，会弹出如图 4-47 所示文档设置对话框，在这里修改舞台的大小、颜色等。这里舞台大小使用默认值，颜色的色号为 #996633。图 4-48 为颜色面板。

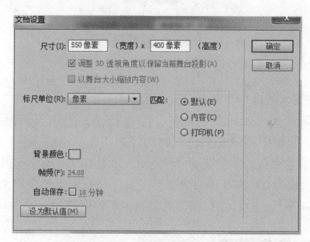

图 4-47　"文档设置"对话框

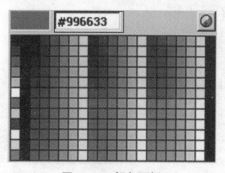

图 4-48　颜色面板

步骤 2 制作两个元件：篮球和阴影。

1. 先制作篮球元件，新建元件的快捷键是 Ctrl+F8，绘制图形元件。在元件的编辑窗口绘制正圆，无笔触，中间填充径向渐变，渐变中心点颜色（颜色面板左色标）为 #FDB337，结束点（右色标）颜色为 #3F2701，如图 4-49 所示，在使用颜色时，具体是哪个颜色的色号可在颜色面板文本框中输入色号，回车，就是想要的颜色。在输入色号时可不输入"#"，英文大小写也不区分。调整渐变位置及大小，如图 4-49 所示。

图 4-49　颜色面板

2. 使用对齐面板将球形与舞台垂直、水平中齐。

3. 绘制阴影元件。新建图形元件，绘制椭圆，大小与所画的球形相当，无笔触，在颜色面板中将填充颜色调整为径向渐变，渐变颜色的两端颜色都是 #3F2701，但要将结束点的颜色透明度降为 0，如图 4-50 所示，选中右端颜色标，再将上面的 A 值设为 0。选择"渐变变形工具"调整阴影渐变的大小、旋转颜色方向，如图 4-51 所示，这样可以使阴影的效果更加明显。

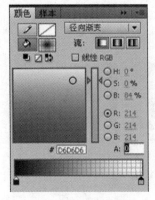

图 4-50　颜色透明度调整为 0

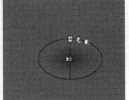

图 4-51　渐变的调整

步骤 3　返回场景。

1. 打开库面板，将篮球、阴影元件拖入舞台中不同图层并调整大小。时间轴面板与篮球和阴影在第 1 帧放置的位置，篮球在上方，阴影在下方。要注意的是要把它们放在不同层中，因为在做动作补间时起始帧和结束帧中的对象必须是同一个，它们只是在大小、颜色、位置、透明度等属性上发生了改变。在这里下层放阴影，上层放篮球，它们的中心应该大致在同一条线上。

2. 下面开始编辑动画了。用鼠标左键在两层的第 15 帧上拖动将它们同时选中，或者按住 Shift 键单击选中，按 F6 键复制，再在第 30 帧处按 F6，如图 4-52 所示，时间轴面板与篮球和阴影在第 1 帧放置的位置。

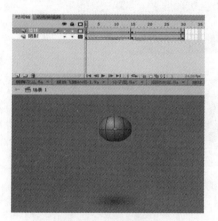

图 4-52　第 1 帧篮球在上，
阴影放大的效果图

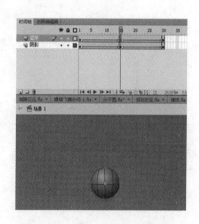

图 4-53　第 15 帧篮球下移，
阴影缩小的效果图

3. 选中篮球层的第 15 帧，球移动下来，为了防止下移时球与最开始的位置不在同一条线上，在移动时可按住 Shift 键垂直移动，或是使用下光标键微移。调整阴影的大小。第 15 帧处球下移，阴影较小，用"缩放工具"缩小与篮球底部重合。如图 4-53 所示，第 15 帧篮球下移，阴影缩小效果图。

4. 在每一层的帧上右键创建传统补间。这样动画的编辑就完成了。

步骤 4　测试影片。

篮球和阴影的运动过程是这样的：篮球由上至下再回到上方，阴影的运动是由大变小再变大。

提　示

### 4.4.2　简单的动画效果

案例效果

图 4-54　案例效果

一个福字由大变小，并翻转，然后从福字中间出现"招财进宝"四个字，这四个字由小到大，并逐渐清晰，最后停在福字上面。

技能知识

1. 文本工具
2. 变形工具
3. 传统补间动画

　上机操作　范例：Sample\4\4\2_ori.fla

成品：Sample\4\4\2.fla

制作过程

**步骤 1**　新建文档，大小、颜色任意，大家可以发挥想象，制作出美观的动画。

**步骤 2**　新建 2 个元件。第一个福字元件，用"矩形工具"绘制一个正方形，没有边线，填充颜色为橙色，Ctrl+T 打开变形面板，将其旋转 45 度，与舞台中心对齐，在时间轴上添加新层，用"文本工具"输入"福"字，颜色为红色，在文本的属性面板上调整字体、字号。与舞台中心对齐，这个操作不要忘记了，这是一个好的习惯。福字元件如图 4-55 所示。

图 4-55　福字元件

图 4-56　招财进宝元件

**步骤 3**　新建"招财进宝"元件，如图 4-56 所示。

**步骤 4**　回场景中，将福字拖至第 1 层第 1 帧中，在舞台中心对齐，在第 1 层的 20 帧处按 F6 键复制第 1 帧，再选择第 1 帧，打开变形面板，将福字实例放大为原来的 180%。然后在第 20 帧处将福字旋转 180 度，如图 4-57 所示变形面板。在这两个关键帧之间任选一帧单击右键，在弹出菜单中选择"创建传统补间"命令。这样就完成了第一部分的动画效果，福字由大变小，并且旋转。可以直接按 Enter 键，在编辑窗口中对动画效果进行一次预览。

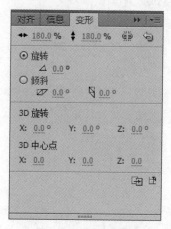

图 4-57　变形面板

步骤 5　在时间轴上添加新层，在第 20 帧处按 F7 键添加空白关键帧，从库中拖出文字元件，并移到福字中心，使用变形面板将其缩放为原来的 60%，并在属性面板中调整透明度为 0，即 Alpha 值为 0，如图 4-58 所示。

图 4-58　Alpha 值为 0 属性面板图

步骤 6　在第 2 层的 40 帧处添加关键帧，将文字实例移动到上方，并缩放为原来的 150%，Alpha 值设为 100，完全显示文本。

步骤 7　将第 1、2 两层的帧数延续至 40 帧处，这样在播放完一次动画后不会很快重新播放。最后的时间轴效果如图 4-59 所示。

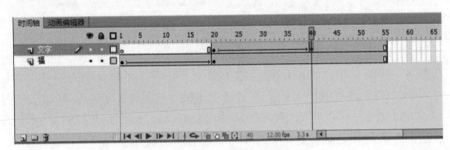

图 4-59　最终时间轴

步骤 8　按 Ctrl+Enter 测试影片。

# 第 5 章
## 创建影片剪辑元件

影片剪辑元件是包含在 Flash 影片中的影片片段，有自己的时间轴和属性，具有交互性，是用途最广、功能最多的部分。通过本章的学习，读者可掌握影片剪辑元件的创建方法、影片剪辑元件的特点，以及影片剪辑元件与图形元件的区别。

影片剪辑作为 Flash 元件中的一个重要类型，在动画制作中一直发挥着不可替代的作用，合理地运用影片剪辑可以制作出很多奇特的效果。影片剪辑元件是 Flash 电影中可以播放动画的符号，并且可用于创建独立于电影中主时间轴播放的可重复使用的动画部分。影片剪辑很像电影中的小电影，它可以包含交互控制、声音、甚至其他的影片剪辑实例。

在做动画的时候，影片剪辑是不能随时浏览效果的，准确地说，它其实是动画片里的小动画片，可以重复使用多次，大家可以灵活运用。

## 5.1 创建影片剪辑元件

创建影片剪辑，有两种方法：

### 5.1.1 创建空白的影片剪辑

使用菜单命令"插入 / 新建元件"或者快捷键 Ctrl+F8，可以创建一个空白的元件。在"创建新元件"对话框中设置元件的名称，并将元件的类型设置为"影片剪辑"，单击"确定"按钮就可以了。如图 5–1。

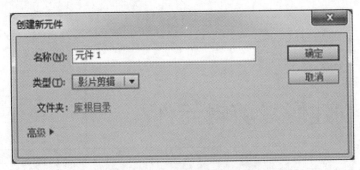

图 5-1　创建影片剪辑元件

### 5.1.2　将舞台上的对象转换为影片剪辑

使用"选择"工具选中舞台上的对象,使用菜单"修改 / 转换为元件"或者快捷键 F8,在对话框中设置元件的名称,并将元件的类型设置为"影片剪辑",然后设置"对齐"位置,再单击"确定"按钮就可以了。如图 5-2。

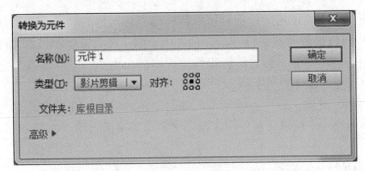

图 5-2　转换为影片剪辑的元件

提　示

　　"对齐"就是转换为元件之后的元件坐标原点。例如将"对齐"位置设置为"右上",那么转换为元件之后,元件的坐标原点将位于被选中对象的右上方。

## 5.2　影片剪辑元件的使用

### 5.2.1　袅袅轻烟

案例效果

下面我们要制作的是一个袅袅轻烟的效果，动画效果如图 5-3 所示。

图 5-3　袅袅轻烟

技能知识

1. 影片剪辑元件
2. 传统补间动画
3. 导入背景图片到舞台

　上机操作

范例：Sample\5\1\1_ori.fla
成品：Sample\5\1\1.fla

步骤 1　新建 Flash 文档，单击"插入 / 新建元件（Ctrl+F8）"，在弹出的创建影片剪辑元件对话框"类型"选项中选择"影片剪辑"，单击确定进入元件编辑区。选择钢笔工具，画出烟的第 1 个形态，如图 5-4 所示。注意曲线一定要光滑，这样才能体现出烟的轻盈姿态。

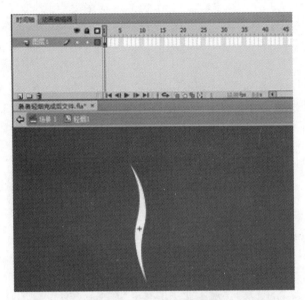

图 5-4　第 1 帧烟的形态

　　步骤 2　在第 3 帧插入关键帧，使用"部分选取工具"拖动烟的上端，使烟的形态产生微小的变化，如图 5-5 所示。

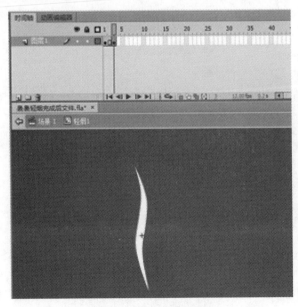

图 5-5　第 3 帧烟的形态

步骤 3　采用同样的方法，逐帧制作轻烟摆动的各种形态，如图 5-6 所示。

　　　　轻烟的底部是烟发生的起点，即香烟烟头的位置，在调
提 示　整过程中不能改动，否则动作会不稳定。

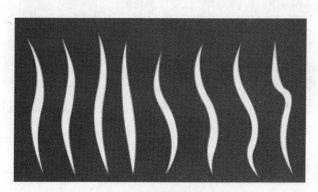

图 5-6　烟的各种形态

步骤 4　为了让烟的形态更丰富，动作更生动，新建一层，在某些帧上随意
添加一些"碎"烟，如图 5-7 所示。这样就完成了轻烟摆动的一个循环动作，时
间轴如图 5-8 所示。

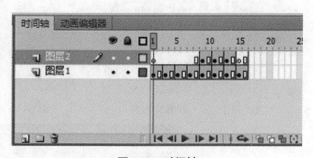

图 5-7　碎烟　　　　　　　　　　　图 5-8　时间轴

步骤 5　制作轻烟的上升动画。新建一个影片剪辑，命名为"轻烟 2"，将元
件"轻烟 1"拖入舞台。然后使用任意变形工具，将实例的中心点移至底部。如
图 5-9 所示。注意轻烟在上升的过程中会慢慢地变大和消失，但底部烟头的位置

不会移动，因此应将该点设置为实例变形的中心点。

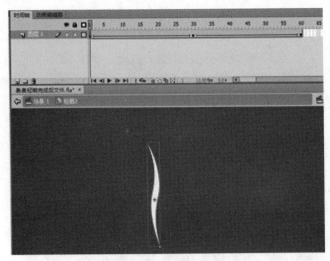

图 5-9　修改实例的中心点

步骤 6　分别在时间轴的第 30 帧和第 60 帧处插入关键帧，并将第 1 帧的实例缩放到 17% 和 20%（如图 5-10），第 30 帧的实例缩放到 30% 和 73%（如图 5-11），第 60 帧的实例缩放到 40% 和 100%（如图 5-12），且透明度为 0；然后在每两个关键帧之间创建传统动画补间，制作轻烟慢慢上升变大消失的动画，时间轴如图 5-13。

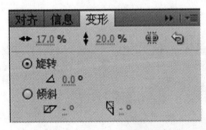

图 5-10　第 1 帧缩放比例

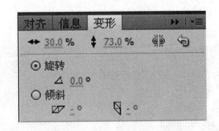

图 5-11　第 30 帧缩放比例

图 5-12　第 60 帧缩放比例

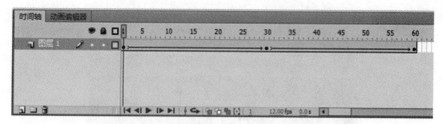

图 5-13　时间轴

步骤 7　返回场景 1，建立"背景"层后将素材导入到每层中。在"背景"层上新建一层命名为"轻烟"，将元件"轻烟 2"拖入舞台，放在香烟的烟头上，如图 5-14 所示。

图 5-14　场景 1

步骤 8　测试影片。保存文件，按快捷键 Ctrl+Enter 测试影片。

## 5.2.2　星星闪烁

下面我们要制作的是黑夜星星闪烁的效果，动画效果如图 5-15 所示。

图 5–15　星星闪烁效果图

技能知识

1. 影片剪辑元件
2. 变形面板的设置
3. 图层的分配

上机操作　　范例：Sample\5\1\2_ori.fla

成品：Sample\5\1\2.fla

步骤 1　单击"插入 / 新建元件（Ctrl+F8）"，在弹出的创建影片剪辑元件对话框"类型"选项中选择"图形"，单击确定进入元件编辑区。选择矩形工具，画一个极细的矩形（无笔触颜色，内部填充颜色为放射状渐变），并且按快捷键 Ctrl+K，弹出"对齐面板"，使矩形相对于舞台垂直、水平居中，如图 5–16 极细的矩形。

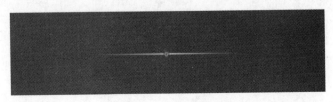

图 5–16　极细的矩形

步骤 2　选择此矩形对象，然后按快捷键"Ctrl+T"弹出"变形"面板，在旋转处选择角度为 90°，并单击右下角第一个按钮"重制选区和变形"，如图 5-17 所示。

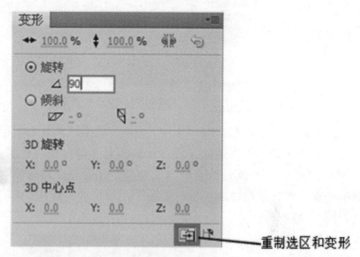

图 5-17　拷贝并应用变形

步骤 3　将两个矩形全部选中后，按快捷键"Ctrl+T"调出变形面板，先点击"重制选区和变形"按钮，然后在约束比例处选择缩放原来大小的 70%，点击空白区域。接下来在下方旋转角度处选择角度为 45°，点击空白区域。如图 5-18 星形。（由于 Flash CS6 使用的是所见即所得模式，在设置完数值后点击空白区域，会自动变化为变形完的效果。）

图 5-18　星形

步骤 4　回到场景中，创建"影片剪辑"元件，名称为"闪烁的星星"，如图 5-19 所示。

图 5-19　影片剪辑元件

步骤 5　按快捷键 F11 调出库面板，将刚刚创建的图形元件拖入"影片剪辑"元件编辑区中的第 1 帧处，并且让它相对于舞台垂直、水平居中对齐。在时间轴的第 5 帧和第 10 帧处分别插入关键帧，然后再分别选择第 1 帧和第 10 帧元件的中心点位置，在属性面板中色彩效果里面选择"样式 / 透明度（Alpha）"值为 0，如图 5-20 所示。

图 5-20　透明度的设置

步骤 6　在 1 到 10 帧之间设置传统动作补间，时间轴效果如图 5-21 所示。

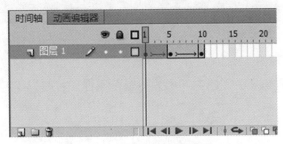

图 5-21　闪烁的星星影片剪辑

步骤 7　回到场景创建动画，在图层 1 中选择"文件 / 导入"，导入一幅星空背景图片，在动画截止帧处按 F5 键延续（动画在哪一帧截止任意拟定）。

步骤 8　新建图层，将"闪烁的星星"影片剪辑元件拖入舞台，星星闪烁的时间任意拟定，在自己希望结束的帧处按 F5 键即可。星星的颜色可以在舞台中单击"闪烁的星星"影片剪辑实例的中心点位置后，在属性面板中进行改动，大小可以选择任意变形工具进行调整。

提　示　　　　　每一颗"闪烁的星星"都应放在一个独立的图层中，如图 5-22 所示。

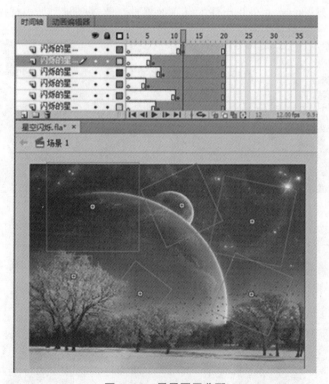

图 5-22　星星图层分配

步骤 9　按 Ctrl+Enter 测试影片。

### 5.2.3 创建游戏动画效果

技能知识

1. 影片剪辑元件
2. 元件的透明度调节

上机操作    范例：Sample\5\1\3_ori.fla
成品：Sample\5\1\3.fla

案例效果

下面我们要做的是一个吃小球的动画效果，最终动画预览效果如图5-23所示。

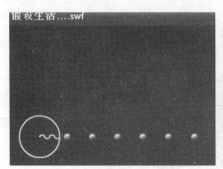

图 5-23　动画效果预览

制作过程

　　步骤 1　将背景颜色设置为黑色，创建一个影片剪辑元件，进入编辑区后，选择椭圆与直线工具绘制影片剪辑中动画的三种状态，具体绘制的图形如图 5-24 所示。

第 1 帧状态　　　　　　第 2 帧状态　　　　　　第 3 帧状态

图 5-24　动画图形的三种状态

步骤 2　创建一个名为小球的图形元件，选择椭圆工具后按住 Shift 键绘制一个由白色到灰色的放射状小球，小球放大 800% 后的效果如图 5-25 所示。

图 5-25　放大后的小球效果　　　　图 5-26　椭圆效果

步骤 3　再次创建一个椭圆形状的图形元件，选择椭圆工具进行绘制，如图 5-26 所示。

步骤 4　回到场景，在图层 1 的第 1 帧处拖入"小球"图形元件，并按"Alt+Shift"键向后方拖动出 8 个"小球"元件实例副本，如图 5-27 所示。

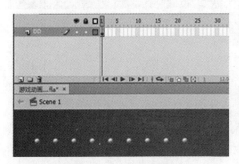
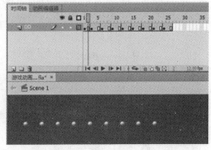

图 5-27　小球位置设置　　　　图 5-28　第 3 帧小球的个数及位置

步骤 5　在图层 1 的第 3、6、9、12、15、18、21、24 帧处分别插入关键帧 F6，单击第 3 帧处将最前方的一个小球删除掉，再单击第 6 帧将前方的两个小球删除掉，以此类推，并且最后单击 26 帧处插入 F5 键进行延续，如图 5-28、5-29 所示。

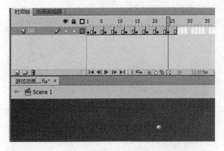
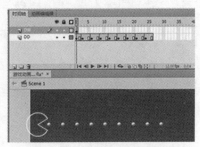

图 5-29　第 24 帧处小球的个数及位置　　　　图 5-30　影片剪辑放置位置

步骤 6    在场景中新建图层 2，将影片剪辑元件拖入舞台的第 1 帧，如图 5–30 所示。

步骤 7    在图层 2 的第 27 帧处插入关键帧 F6，并且在调整位置后创建动作补间，如图 5–31 所示。

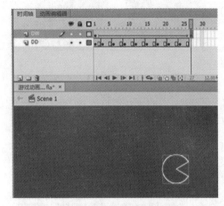

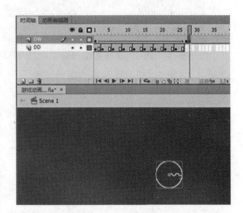

图 5–31    时间轴设置                    图 5–32    时间轴设置

步骤 8    在图层 2 的第 28 帧处插入空白关键帧 F7，将影片剪辑元件中的第 3 帧的图形复制并粘贴在第 28 帧，并按 F5 键延续此动作到第 49 帧，时间轴如图 5–32 所示。

步骤 9    新建图层 3，在图层 3 的第 30 帧处插入空白关键帧 F7，并将椭圆形状的图形元件拖入其中，然后在第 36 帧处插入关键帧 F6，单击第 30 帧处的中心点位置调节透明度为 0，最后创建动作补间，并且延续至 49 帧，如图 5–33、5–34 所示。

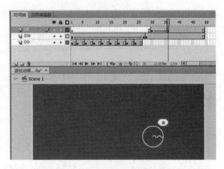

图 5–33    第 30 帧处元件透明度为 0      图 5–34    第 35 帧处元件透明度为 100%

步骤 10    新建图层 4，在图层 4 的第 35 帧处插入空白关键帧 F7，并将椭圆形状的图形元件拖入其中调整大小，然后在第 41 帧处插入关键帧 F6，单击第 35 帧处的中心点位置调节透明度为 0，最后创建动作补间，并且延续至 49 帧，如图 5-35、5-36 所示。

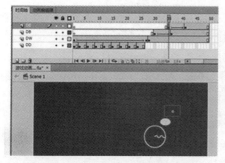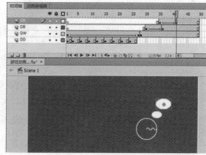

图 5-35　第 35 帧处元件透明度为 0　　　图 5-36　第 41 帧处元件透明度为 100%

　　步骤 11　新建图层 5，在图层 5 的第 40 帧处插入空白关键帧 F7，并将椭圆形状的图形元件拖入其中调整大小，然后在第 46 帧处插入关键帧 F6，单击第 40 帧处的中心点位置调节透明度为 0，最后创建动作补间，并且延续至第 49 帧，如图 5-37、5-38 所示。

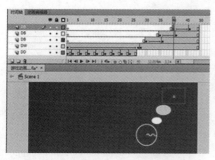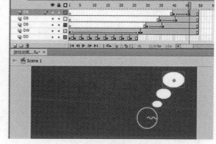

图 5-37　第 40 帧处元件透明度为 0　　　图 5-38　第 46 帧处元件透明度为 100%

　　步骤 12　新建图层"？"，在第 46 帧处插入空白关键帧 F7，选择文本工具输入"？"并设置字体为"Arial"，在调整大小后，将其延续至 49 帧，如图 5-39 所示。

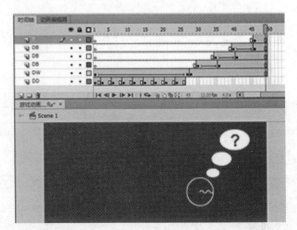

图 5-39　"？"图层的时间轴设置及具体效果

步骤 13　按 Ctrl+Enter 测试影片。

# 第 6 章

## 图层动画的制作

> 本章主要介绍了 Flash 中两种简单动画的创建方法，包括引导层动画和遮罩层动画。通过本章的学习，读者等于掌握了 Flash 影片中最关键的地方，就可以独立地进行 Flash 动画的简单设计和制作了。

## 6.1 引导层动画

在前几章的学习中，我们可以轻松建立直线运动了，但是沿曲线运动或沿着特殊路径的运动就不能直接完成了，这时候就用到了引导层。

### 6.1.1 引导层动画的概念与特点

引导层是一种辅助制作 Flash 的特殊图层，将普通图层与运动引导层关联起来，可以使被引导层上的对象沿着运动引导层上的路径进行运动。

引导层有如下特点：

- 引导层一般都是不闭合的，如果完全闭合，元件的运动是按照起始点与结束点的最短距离来选择运动的，所以无法完成运动。
- 引导层可以是图形或其他线条路径等，但最好用平滑圆润的线条，过于陡峭的线不容易实现效果。
- 在建立引导层动画时，引导层在上方，而被引导层是在下方的。
- 一个运动的引导层可以引导多个不同对象的运动，而且被引导的多个对象的图层必须都在引导层的下方。
- 在播放效果中，引导层路径图层是隐藏的状态。

### 6.1.2 创建引导层动画的基本方法

下面我们通过一个简单的案例——"小球沿曲线运动"，来了解一下创建引导层动画的基本方法。

案例　小球沿曲线运动

 技能知识

1. 图形元件中心对齐
2. 传统运动引导层
3. 平滑引导线的绘制
4. 元件在引导线上的吸附

上机操作　范例：Sample\6\1\1_ori.fla
成品：Sample\6\1\1.fla

制作过程

　　步骤 1　将图层 1 重命名为"小球"，利用椭圆工具在"小球"层的第 1 帧处绘制一个无笔触颜色、填充颜色为放射状渐变的圆形小球，并将其转化为图形元件，对齐方式为水平垂直中齐，如图 6-1 所示。

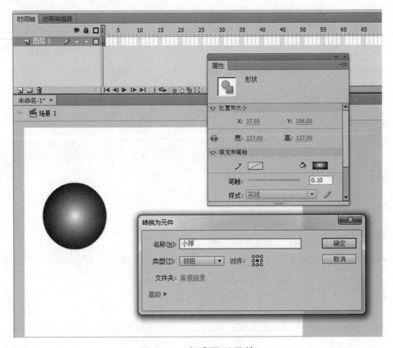

图 6-1　小球图形元件

步骤 2　右键单击"小球"图层，在弹出的快捷菜单中选择"添加传统运动引导层"，如图 6-2 所示。此时图层管理器中就建立了引导层与被引导层 的关系，如图 6-3 所示。

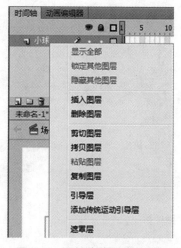

图 6-2　添加传统运动引导层

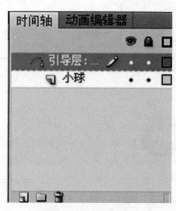

图 6-3　图层关系

步骤 3　单击引导层的第 1 帧，使用铅笔工具，任意绘制一条不闭合的平滑路径，并延续到第 30 帧处。在"小球"层的第 30 帧处插入关键帧，如图 6-4 所示。

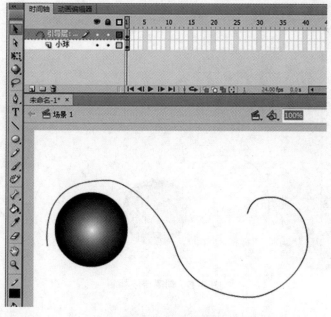

图 6-4　绘制路径

步骤 4  首先选择"小球"层的第 1 帧调整小球位置，使其中心点与引导线的起始点相吸附，然后选择"小球"层的第 30 帧，调整小球位置，使其中心点与引导线的终止点相吸附，如图 6-5 所示。

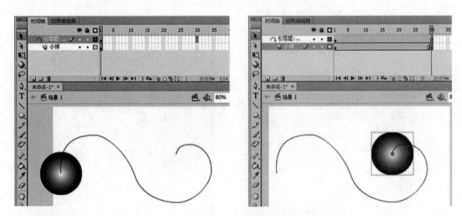

图 6-5  吸附位置

步骤 5  右键单击"小球"图层，在 1 到 30 帧之间创建传统补间。在完整的运动中小球一直保持吸附在路径上，如图 6-6 所示。

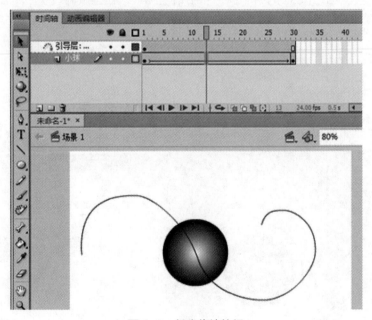

图 6-6  创建传统补间

步骤 6  Ctrl+Enter 测试影片。

116

### 6.1.3　引导层动画的特点

通过这个"小球沿曲线运动"案例可以深刻地体现出引导层动画的特点，并在操作中也可总结出：

- 元件放到引导层中间的某一点也可以实现，不一定放到曲线起始点和结束点。
- 元件一定要吸附到引导层上，如果没有吸附，则不会沿着引导层运动。在调整的时候最好将引导层锁定，以免误将引导层改动，如图 6-7 所示。

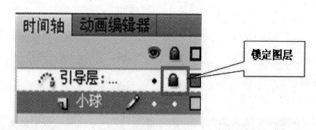

图 6-7　将引导层锁定

### 6.1.4　引导层动画案例

案例 1　显示路径的运动引导层动画——月亮绕着地球转

技能知识

1. 闭合引导线的处理
2. 传统运动引导层
3. 显示引导层中的路径

上机操作　范例：Sample\6\1\2_ori.fla
成品：Sample\6\1\2.fla

制作过程

步骤 1　将背景颜色设置为黑色。将图层 1 重命名为"月亮"，并为该图层添加传统运动引导层，如图 6-8 所示。

117

图 6-8　添加传统运动引导层

步骤 2　在引导层的第 1 帧，使用椭圆工具绘制一个笔触颜色为白色、填充颜色为无色的椭圆，并用橡皮擦工具擦一个缺口，将该椭圆延续到 40 帧处，如图 6-9 所示。

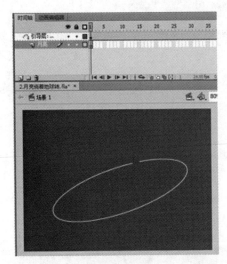

图 6-9　椭圆

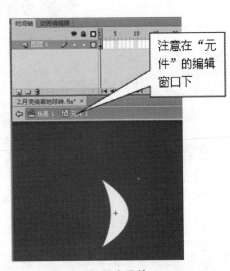

图 6-10　月亮元件

步骤 3　按住 Ctrl+F8 创建一个图形元件"月亮"，进入月亮元件编辑区后绘制月亮，月亮效果如图 6-10 所示。

步骤 4　回到场景，在月亮图层的第 1 帧处将"月亮"元件拖入，并使元件与椭圆的起始点相吸附。在第 30 帧处插入关键帧，并调整元件位置，使元件与椭圆的结束点相吸附。为月亮图层"创建传统补间"动画，如图 6-11 所示。

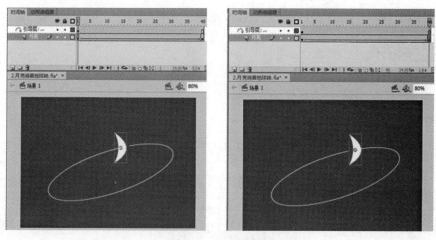

图 6-11 吸附位置

步骤 5 创建一个新图层"路径",将引导层第 1 帧中的椭圆轮廓原位置粘贴到"路径"图层的第 1 帧。(编辑 / 粘贴到当前位置或快捷键 Ctrl+Shift+V。)

步骤 6 创建一个新图层"地球",在第 1 帧处导入一张地球图片,或使用椭圆工具绘制一个"地球",如图 6-12 所示。

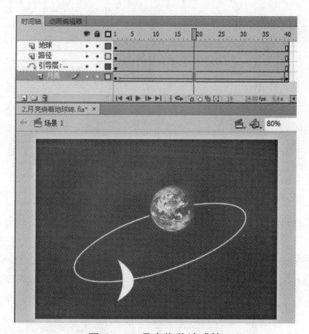

图 6-12 月亮绕着地球转

步骤 7 Ctrl+Enter 测试影片。

案例 2　逐帧显示路径的运动引导层动画——铅笔写字

技能知识

1. 将文本转换为图形
2. 将转换为图形的文本设置成引导层
3. 被引导层中元件中心点的调整
4. 在显示引导线的图层中逐帧显示引导线

上机操作　范例：Sample\6\1\3_ori.fla
成品：Sample\6\1\3.fla

步骤 1　创建一个图形元件"铅笔"，进入铅笔元件编辑区后绘制铅笔，铅笔效果如图 6-13 所示。

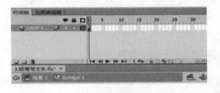

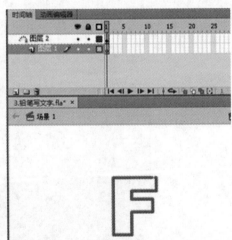

图 6-13　铅笔元件　　　　　　　图 6-14　创建传统引导层

步骤 2　回到场景，将图层 1 重命名为"铅笔"，并为铅笔图层创建传统运动引导层，在引导层中用文本工具输入大写字母"F"，将其打散（Ctrl+B），无填充颜色，笔触颜色为红色，并用橡皮擦工具擦出一个缺口，如图 6-14 所示。

步骤 3　选中"铅笔"图层的第 1 帧，将铅笔元件拖入舞台，使用"任意变形工具"将铅笔的中心点调节至笔尖的位置，如图 6-15 所示。

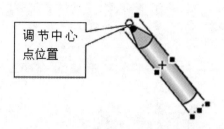

图 6-15　铅笔中心点

步骤 4　将"铅笔"图层第 1 帧的笔与起始点相吸附，第 30 帧处的笔与终止点相吸附，并设置为传统补间动画，如图 6-16 所示（为方便读者故将舞台放大到 600%）。

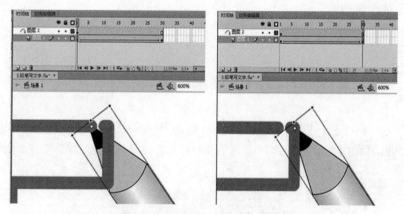

图 6-16　铅笔与引导层的吸附

步骤 5　创建一个新图层"显示路径"，将引导层路径复制，然后在"显示路径"图层的第 1 帧处将路径原位置粘贴。

步骤 6　首先在"显示路径"图层中的不同帧处插入关键帧（此例我们隔一帧插入一个关键帧）。然后选择第 1 个关键帧按 Delete 键将其中的内容删除，接下来单击第 3 帧，将铅笔走过的路径保留，其余的路径，其余后方各关键帧处理方法完全相同，如图 6-17 所示。

提 示

在擦拭的时候应将引导层和铅笔层锁定或隐藏，否则会将这两个图层改动而导致最后动画无法实现应有的效果。

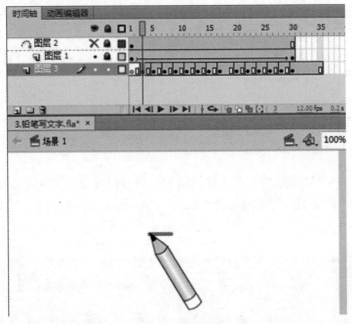

图 6-17　路径擦除

步骤 7　在"显示路径"图层的第 31 帧处插入关键帧，将缺口补齐。选择颜料桶工具来填充内部颜色，并延续到第 40 帧结束，具体设置如图 6-18 所示。

图 6-18　显示走过路径

步骤 8　Ctrl+Enter 测试影片。

提　示

　　在这个案例中，我们将"显示路径"图层放在了所有图层的最下方，目的是体现出铅笔写文字时，铅笔在上、文字在下的逼真感。当我们新建图层时，新图层都是在所选图层的上方，也就是在引导层的上方，所以，在这里我们需要调整图层的顺序。当我们将"显示路径"调整到最下方后，"显示路径"图层的属性就会发生变化，变为"被引导层"（因为在引导层的下方），所以，我们还需要将图层的属性改为"一般"图层，如图 6-19 所示。

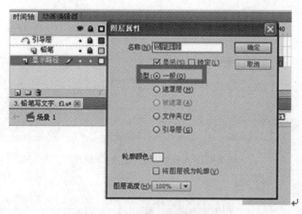

图 6-19　图层属性类型调整

案例 3　复杂的显示路径的运动引导层动画——铅笔画树叶

技能知识

1. 多个引导层与被引导层的添加
2. 逐帧显示引导线
3. 两条引导线最终的闭合

上机操作

范例：Sample\6\1\4_ori.fla
成品：Sample\6\1\4.fla

制作过程

步骤 1　根据上一案例，创建"铅笔"元件。

步骤 2　回到场景，将图层 1 重命名为"铅笔"，将铅笔元件拖入舞台，调整笔的位置。使用任意变形工具将铅笔元件中心点调整至笔尖处，如图 6-20 所示。在 15 帧处插入关键帧（F6）。

图 6-20　铅笔元件

步骤 3　为铅笔图层创建传统运动引导层，将引导层重命名为"左引导层"，在左引导层第 1 帧绘制树叶轮廓，并延续到 15 帧，如图 6-21 所示。

提　示

树叶轮廓可先绘制一条直线，再用选择工具调整至弯曲即可。

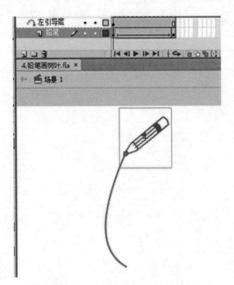

图 6-21　左引导层树叶轮廓

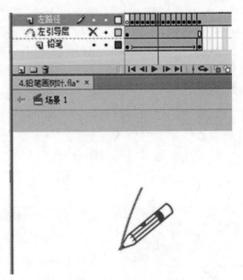

图 6-22　逐帧显示左路径

　　步骤 4　新建一个图层，重命名为"左路径"，用来显示树叶左轮廓的路径。根据上一案例方法，逐帧插入关键帧至第 15 帧，并逐帧根据铅笔走过的路径使用橡皮工具进行擦拭，如图 6-22 所示。

　　步骤 5　根据步骤 2、3、4，新建 3 个图层，依次为"铅笔""右引导层"和"右路径"，在 3 个图层的第 20 帧到第 35 帧处，做出逐帧显示右树叶轮廓的动画，如图 6-23 所示。

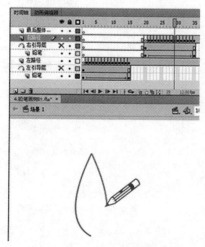

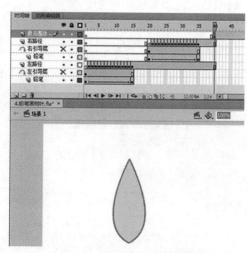

图 6-23　逐帧显示右路径　　　　　　图 6-24　最后整体树叶的时间轴

　　步骤 6　新建一个图层，重命名为"最后整体树叶"。在第 40 帧处插入空白关键帧（F7），将"左路径"图层的第 15 帧和"右路径"图层的第 35 帧中的图形原位置粘贴到"最后整体树叶"图层的第 40 帧处，并延续到第 50 帧，如图 6-24 所示。

　　步骤 7　Ctrl+Enter 测试影片。

## 6.2　遮罩层动画

　　遮罩层动画是 Flash 动画中常用到的一种制作技巧。这种技巧就好像在一张纸上打上各种形状的孔，透过这些孔可以看到下面图层上的内容。

### 6.2.1　遮罩层动画的原理与作用

　　遮罩层必须至少有两个图层，上面的一个图层为"遮罩层"，下面的称为"被遮罩层"；这两个图层中只有相重叠的地方才会被显示。也就是说在遮罩层中有对象的地方就是"透明"的，可以看到被遮罩层中的对象，而没有对象的地方就是不透明的，被遮罩层中相应位置的对象是看不见的。

遮罩层动画的原理是：上面一层是遮罩层，下面一层是被遮罩层。遮罩层上的图自己是不显示的，它只起到一个透光的作用。假定遮罩层上是一个正圆，那么光线就会透过这个圆形，射到下面的被遮罩层上，只会显示一个圆形的图形；如果遮罩层上什么都没有，光线就无法透到下面来，那么下面的被遮罩层就什么也显示不出来。

利用遮罩层动画也可以制作多层遮罩动画，就是指一个遮罩层同时遮罩多个被遮罩层的遮罩动画。通常在制作时，系统只默认遮罩层下的一个图层为被遮罩层。

在 Flash 动画中，"遮罩"主要有两种用途：一个是用在整个场景或一个特定区域，使场景外的对象或特定区域外的对象不可见；另一个作用是用来遮罩住某一元件的一部分，从而实现一些特殊的效果。

### 6.2.2　创建遮罩层动画的基本方法

下面我们通过一个简单的案例来了解一下创建遮罩层动画的基本方法。

案例：简单的遮罩效果

**案例效果**

这个案例做的是遮罩层中的对象从左到右的传统补间运动，而底层文字静止的遮罩动画，效果如图 6-25 所示。

图 6-25　简单遮罩的最终效果

**技能知识**

添加遮罩层

　上机操作　范例：Sample\6\2\1_ori.fla
成品：Sample\6\2\1.fla

制作过程

　　步骤 1　将舞台颜色设置为黑色，新建一个图形元件"圆"，在元件编辑窗口中画圆，并居中对齐，如图 6-26 所示。

　　步骤 2　回到场景，将图层 1 重命名为"文字"，在第 1 帧处输入文本"遮罩效果"并延续至 40 帧，如图 6-27 所示。

图 6-26　图形元件

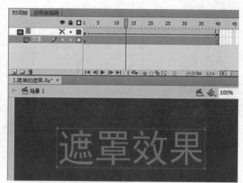

图 6-27　输入的文本

　　步骤 3　新建图层"圆"，将刚创建的图形元件拖到这个图层的第 1 帧，并调整位置，如图 6-28 所示。

　　步骤 4　在"圆"图层的第 40 帧处插入关键帧，将"圆"元件调整位置后，创建传统补间动画，如图 6-29 所示。

图 6-28　调整元件及文字的位置

图 6-29　调整元件后的位置

　　步骤 5　右键单击"圆"图层，在弹出的快捷菜单中选择"遮罩层"选项，将图层转换为遮罩层，如图 6-30 所示。

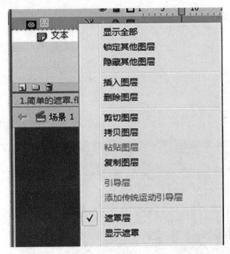 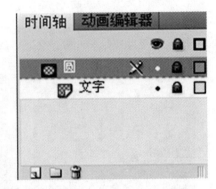

图 6-30　遮罩层

步骤 6　Ctrl+Enter 测试影片。

提　示

　　　　将普通图层转换为遮罩层之后，遮罩层和被遮罩层都会自动加锁。加锁后不用测试影片，在编辑状态下就能看到遮罩动画的播放效果了。如果解锁，就看不到遮罩动画的效果，但不影响影片的最终输出效果。

### 6.2.3　遮罩层动画的特点

　　通过这个案例可以体现出遮罩层动画的原理及部分作用，并在操作中也可总结出：

- 遮罩层就像个窗口，透过它可以看到位于它下面的被遮罩的区域，其他区域都被隐藏。
- 在建立遮罩层动画时，遮罩层在上方，而被遮罩层在下方。
- 在播放效果中，遮罩层中的对象是隐藏状态的。

　　对于复杂的遮罩层动画，除了上面我们通过案例总结出的部分特点外，遮罩层动画还具有如下特点：

- 遮罩层只能包含一个遮罩项目，按钮内部不能有遮罩层，也不能将遮罩层应用于另一个遮罩。

- 遮罩项目可以是填充的形状、文字对象、图形元件的实例或影片剪辑，但线条不能作为遮罩层。
- 可以将多个图层组织在一个遮罩层之下来创建复杂的遮罩效果。

### 6.2.4　遮罩层动画案例

案例 1　遮罩层静止——转动的地球

这个案例做的是遮罩层中的对象静止，被遮罩层中的对象从左到右做传统补间动画。

**技能知识**

1. 导入图片
2. 添加遮罩层
3. 元件转换为图形

上机操作　范例：Sample\6\2\2_ori.fla
　　　　　　成品：Sample\6\2\2.fla

**制作过程**

步骤 1　将舞台颜色设置为黑色。新建一个图形元件"地球"，在元件编辑窗口中画圆，并对齐。

步骤 2　回到场景，将图层 1 重命名为"地图"。新建一个图层，重命名为"遮罩"。

步骤 3　在"遮罩"图层的第 1 帧处将"地球"元件拖到舞台中央；在"地图"图层的第 1 帧，选择"文件 / 导入 / 导入到库"菜单命令，导入准备好的世界地图。然后从"库"面板中拖入地图图片，并将图片转换为图形元件，取名为"地图"。调整"地球"与"地图"的位置，如图 6-31 所示。

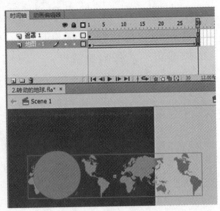

图 6-31　地球与地图的位置 1　　　　　图 6-32　地球与地图的位置 2

步骤 4　"遮罩"图层延续到 30 帧处，而"地图"图层在第 30 帧处插入关键帧，调整地图的位置，并创建传统补间动画，如图 6-32 所示。

步骤 5　右键单击"遮罩"图层，在弹出的快捷菜单中选择"遮罩层"选项，将图层转换为遮罩层，如图 6-33 所示。

图 6-33　遮罩层　　　　　　　　　　图 6-34　径向渐变

此时播放影片已经有了转动的地球的效果，但转动时缺少立体感，为了效果美观，我们还需做以下操作：

步骤 6　新建一个图层"外发光"，将"遮罩"第 1 帧中的圆复制，并在"外发光"图层的第 1 帧处粘贴到当前位置（Ctrl+Shift+V）。此时粘贴过来的是个元件，将其打散（Ctrl+B），使其转换成图形，将填充改为径向渐变，由无色渐变到蓝色，如图 6-34 所示。

步骤 7　Ctrl+Enter 测试影片，最终效果如图 6–35 所示。

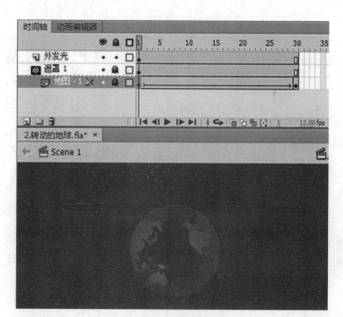

图 6–35　最终效果

案例 2　遮罩层静止——歌词的显示

在 MTV 动画中，歌词的显示是动画的一个重要组成部分，而歌词的显示用遮罩层动画也是可以实现的。下面，我们就要制作一个歌词显示的滚动字幕效果。

技能知识

1. 导入图片
2. 添加遮罩层

上机操作

范例：Sample\6\2\3_ori.fla

成品：Sample\6\2\3.fla

制作过程

步骤 1　将图层 1 重命名为"背景"，并将背景设计为黑色。导入舞台一幅背景图片。

步骤 2 新建图层"文本",在第 1 帧处用文本工具在舞台的底部输入文本,如图 6-36 所示。

图 6-36 输入的文字

步骤 3 新建图层 3,在第 1 帧处绘制矩形条,将第一句歌词遮盖,如图 6-37 所示。

图 6-37 矩形条　　　　　　　图 6-38 文字的位置

步骤 4 在文本图层的第 60 帧处插入关键帧,调节歌词的位置,并创建传统补间动画。将其他两个图层的第 1 帧延续到第 60 帧处,如图 6-38 所示。

步骤 5 右键单击"图层 3",选择"遮罩层"即可。

步骤 6　Ctrl+Enter 测试影片。最终效果如图 6-39 所示。

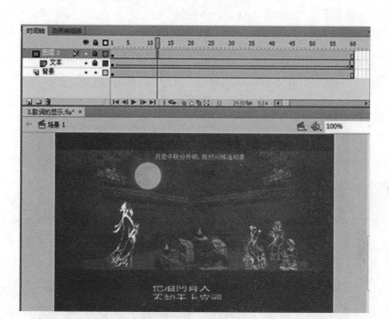

图 6-39　最终效果

案例 3　遮罩层的补间形状动画——绽放的花

这个案例做的是遮罩层中的对象做补间形状，被遮罩层中的对象静止。

技能知识

1. 添加遮罩层
2. 遮罩层中的补间形状动画

　上机操作　范例：Sample\6\2\4_ori.fla
成品：Sample\6\2\4.fla

制作过程

步骤 1　在图层 1 中导入一幅背景图片并延续到 30 帧，新建图层 2 改名为 "花"，在 "花" 图层中的第 1 帧导入一幅花的图片，调节大小，使它与背景大小相匹配。

步骤 2　再次新建图层 3，在新图层的第 1 帧处选择椭圆工具画小圆，在 15 帧处画椭圆，并选择"任意变形工具"将其倾斜，最后在 30 帧处画一个与花图片大小相等的矩形，并创建补间形状，如图 6-40 所示。

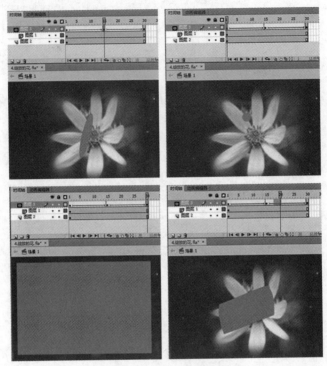

图 6-40　补间形状的设置

步骤 3　右键单击"图层 3"选择"遮罩层"选项，即可完成最终效果。最终效果及时间轴设置如图 6-41 所示。

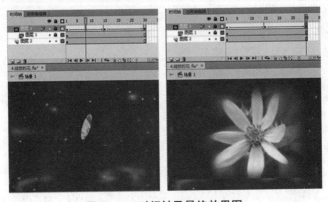

图 6-41　时间轴及最终效果图

案例 4　复杂的遮罩效果——画轴

技能知识

1. 更改舞台大小
2. 元件中心点在舞台中的对齐
3. 元件在舞台中的形状改变

上机操作　　范例：Sample\6\2\5_ori.fla
　　　　　　成品：Sample\6\2\5.fla

2008 年北京奥运会开幕式中那缓缓打开的画轴，给全世界留下了深刻的印象。那么，我们就用学到的知识——遮罩层，来实现这个效果吧。

制作过程

步骤 1　首先将舞台大小改为 550×230 像素，如图 6-42 所示。然后导入背景图片，居中对齐，并延续到 40 帧。

图 6-42　舞台大小

步骤 2　新建一个图形元件"轴"，进入元件的编辑窗口，绘制一个轴，如图 6-43 所示。

135

图 6-43　图形元件

步骤 3　回到场景，新建图层"左轴遮罩"，在第 1 帧处将轴元件拖入场景，并居中对齐。使用任意变形工具，将轴的中心点移至轴的右边。在第 40 帧处插入关键帧，调整轴的大小，并做传统补间动画，如图 6-44 所示。

提　示

做这一步骤时，两个关键帧中，"轴"的中心点位置一定要保持一致，全都在"轴"的右边，这样才能保证动画的准确性。

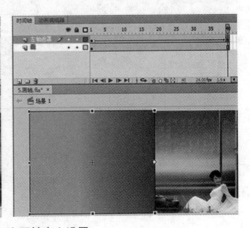

图 6-44　左画轴中心设置

步骤 4　右键单击"左轴遮罩"图层，图层属性选择"遮罩层"。

步骤 5　新建图层"画"，将背景画拖入舞台，居中。再新建图层"右轴遮罩"，在第 1 帧处将轴元件拖入场景，并居中对齐。使用任意变形工具，将轴的中心点移至轴的左边。在第 40 帧处插入关键帧，调整轴的大小，并做传统补间动画，图层属性设置为"遮罩层"，如图 6-45 所示。

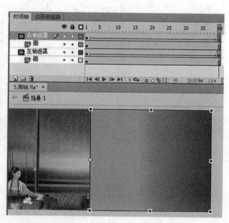

图 6-45　右画轴中心设置

步骤 6　新建图层"左轴"，在第 1 帧处拖入轴间元件，并居中对齐。在第 40 帧处，将轴拖至背景画的最左端，并做传统补间动画，如图 6-46 所示。

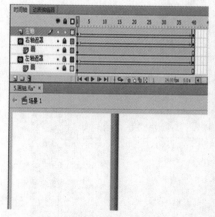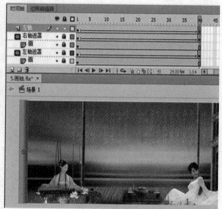

图 6-46　移动的左轴

步骤 7　同步骤 6，制作右轴，如图 6-47 所示。

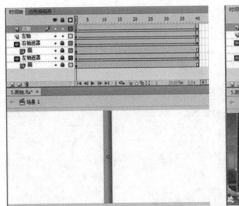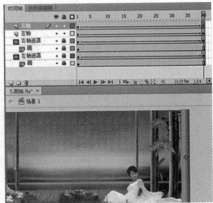

图 6-47　移动的右轴

步骤 8　Ctrl+Enter 测试影片，最终效果如图 6-48 所示。

图 6-48　画轴的最终效果图

# 第 7 章
## 创建交互动画的按钮元件

> 使用按钮元件能够在影片中创建交互按钮。这些按钮能响应鼠标的点击、翻转或者其他的操作，可以定义与各种按钮状态相关的图形，并为按钮实例指定各种操作。通过本章的学习，我们可以利用按钮元件，通过响应鼠标的事件，可以使不同的图形或影片等与不同的按钮状态相联系，从而实现动画的交互放映。

在 Flash CS6 动画制作中，经常会使用到元件，而元件种类分有 3 种，分别是前面我们学习过的图形元件、影片剪辑元件以及本章我们要学习的按钮元件。

按钮元件是 Flash 影片中创建互动功能的重要组成部分。使用按钮元件可以在影片中响应鼠标单击、滑过或其他动作，然后将响应的事件结果传递给互动程序进行处理。

## 7.1 按钮元件的基本原理

Flash CS6 中的按钮元件实质上是一个 4 帧的小影片剪辑，当进入按钮元件的编辑状态时 Flash 会自动生成一个有 4 帧的时间轴。同时需要注意的是，按钮元件的时间轴在舞台编辑界面中是无法播放预览的，它只是设置了根据不同的鼠标事件做出响应的 4 个简单动作，并执行命令跳转到链接指定的帧或页面。如图 7-1 所示。

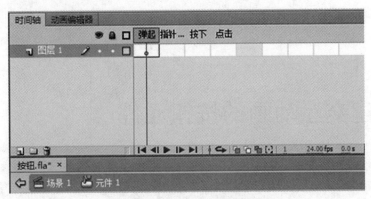

图 7-1　按钮元件时间轴

前三帧表示按钮的三种状态，最后一帧定义按钮的反应区域：第 1 帧表示鼠标指针不在按钮上时的状态；第 2 帧表示鼠标指针经过按钮时的状态；第 3 帧表示鼠标指针点击按钮时的状态；第 4 帧定义了按钮的反应区域。按钮的反应区域根据按钮形状的不同，可以定义也可以不定义。不定义时默认为按钮图形本身区域的大小。

## 7.2　创建按钮元件

下面我们制作一个最基本的按钮，通过这个案例来学习一下创建按钮元件的方法。

案例说明

当鼠标不在按钮上时，按钮呈灰色；当鼠标经过按钮时，按钮变大，并且呈绿色；当鼠标点击按钮时，按钮缩小并呈蓝色。

上机操作　　范例：Sample\7\1\1_ori.fla
　　　　　　成品：Sample\7\1\1.fla

制作过程

步骤 1　创建一个新元件，元件类型为"图形"，元件名称为"基本形状"。如图 7-2 所示。

图 7-2　新建图形元件

步骤 2　进入图形元件的编辑状态，使用"椭圆"工具绘制正圆，无笔触颜色，填充颜色为由白到灰的径向渐变，调整渐变的中心为左上方。如图 7-3 所示。

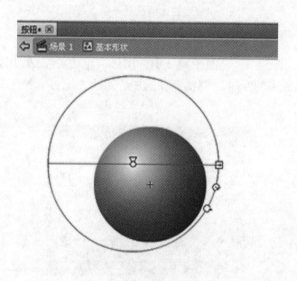

图 7-3　渐变中心点位置

步骤 3　新建图层 2，将图层 1 第 1 帧的图形原位置粘贴到图层 2 的第 1 帧，并等比例缩放到原来的 75%。调整渐变的中心点为右下方。如图 7-4 所示。

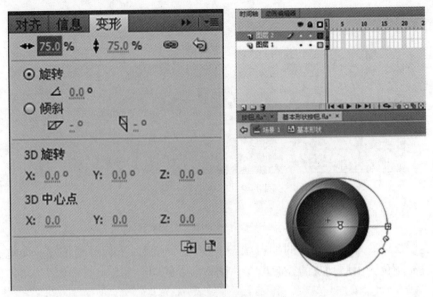

图 7-4　缩放比例及渐变中心点位置

步骤 4　新建图层 3，复制图层 2 中的图形，原位置粘贴到图层 3 的第 1 帧，并定比例缩放到原来的 95%。调整渐变的中心点为左上方。如图 7-5 所示。

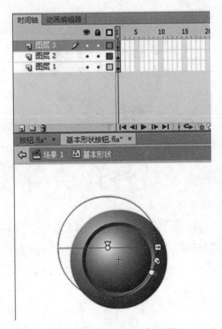

图 7-5　渐变中心点位置

步骤 5　回到场景，再创建新元件，类型为"按钮"，元件名称也改为"按钮"。如图 7-6 所示。

图 7-6　创建按钮元件

步骤 6　进入按钮的编辑状态，按 F11 打开库面板，在"弹起"帧的状态下，拖入"基本图形"元件，如图 7-7 所示。

步骤 7　在"指针经过"和"按下"状态分别插入关键帧 F6。选中"指针经过"状态下的图形，将其放大，并按 Ctrl+B 将其打散。如图 7-8 所示。

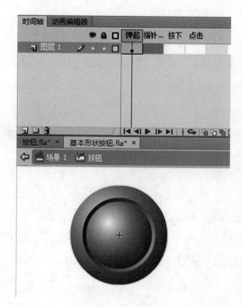

图 7-7　弹起帧

图 7-8　指针经过的图形

143

步骤 8　选中最上方的圆形，将其颜色改为由绿到黑的径向渐变。

步骤 9　选中"按下"状态的关键帧，按照上述操作方法，将上方圆形改为由蓝到黑的径向渐变。

步骤 10　回到场景，从库面板拖出按钮元件。按 Ctrl+Enter 测试影片。

按钮元件实际上是四帧的交互影片剪辑，它只对鼠标动作做出反应，用于建立交互按钮。当新创建一个按钮元件之后，在图库中双击此按钮元件，切换到按钮元件的编辑版面，此时，时间轴上的帧数将会自动转换为"弹起""指针经过""按下"和"点击"四帧。用户通过对这四帧的编辑，从而达到鼠标动作使图片做出相应反应的动画效果。按钮元件在使用时，必须配合动作代码才能响应事件的结果，用户还可以在按钮元件中嵌入影片剪辑，从而编辑出变化多端的动态按钮。

## 7.3　按钮元件案例

按钮元件在编辑状态下，时间轴面板中还有一个"点击"状态，主要用来设置鼠标动作的区域范围。下面用一个具体案例来讲解。

案例 1　文字按钮

技能知识

添加不规则按钮的感应区域

上机操作　　范例：Sample\7\1\2_ori.fla
　　　　　　成品：Sample\7\1\2.fla

制作过程

步骤 1　新建一个元件，类型为"按钮"，进入按钮元件的编辑状态。

步骤 2　在按钮元件的第 1 帧状态"弹起"中，输入文本"Enter"。在"指针经过""按下"两帧中，插入关键帧，并改变这两帧中文字的颜色。如图 7-9 所示。

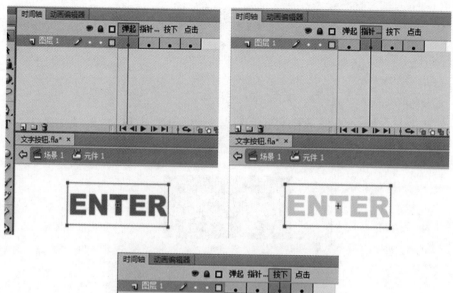

图 7-9　按钮元件三帧状态

　　步骤 3　回到场景，将按钮元件拖入场景。按 Ctrl+Enter 测试按钮，此时当鼠标指针指向文字的空隙处，鼠标没有任何变化，这说明在当前文档中只有文字图形的实体部分被指定为按钮元件，而不包括文字的空隙。

　　步骤 4　双击舞台中的按钮元件，回到按钮元件的编辑状态。在时间轴中的"点击"帧，插入"空白关键帧"（F7），使用矩形工具绘制一个矩形，大小应该能覆盖住所有字母。如图 7-10 所示。

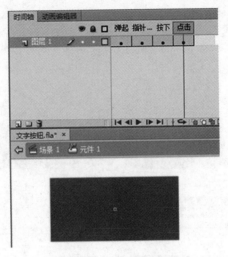

图 7-10    "点击"状态

步骤 5    回到场景，再次按 Ctrl+Enter 测试按钮元件，这时，当鼠标指针指向文字空隙时，鼠标会发生变化，按钮也产生响应了。

案例 2    复杂按钮的制作——聚焦按钮

**案例说明**

下面我们要做的实例是鼠标所经过之处出现环形的线，最后点击中间部分按钮的时候，环形的线消失。

**技能知识**

1. 一个按钮的多个复制应用
2. 无弹起状态的按钮

 上机操作    范例：Sample\7\1\2_ori.fla
成品：Sample\7\1\2.fla

**制作过程**

步骤 1    按 Ctrl+F8 新建按钮元件，命名为 "normal"，进入按钮元件的编辑状态。

步骤 2　选择"矩形"工具，矩形圆角度调为 30，绘制笔触颜色为白色、内部填充颜色为绿色的圆角矩形，如图 7-11 所示。

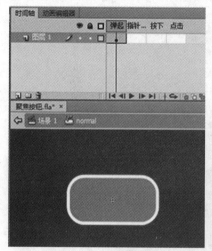 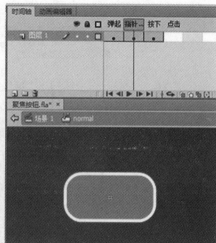

图 7-11　圆角矩形　　　　　　　　　　图 7-12　插入关键帧

图 7-13　弹起帧的图形

步骤 3　选中指针经过帧，按 F6 插入关键帧，改变圆角矩形内部填充色，如图 7-12 所示。

步骤 4　选中按下帧，按 F6 插入关键帧，改变圆角矩形内部填充色，如图 7-13 所示。

步骤 5　按 Ctrl+F8 新建按钮元件，名称为"special"，进入按钮元件的编辑状态。

步骤 6 选中"指针经过"帧，按 F7 插入空白关键帧，选择椭圆工具，在属性面板里选择线型为"点"，填充颜色为无，绘制圆形，如图 7-14 所示。

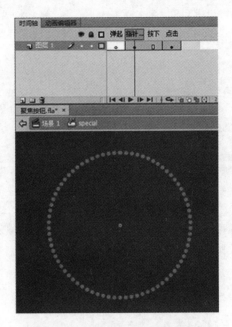

图 7-14 "指针经过"帧的图形

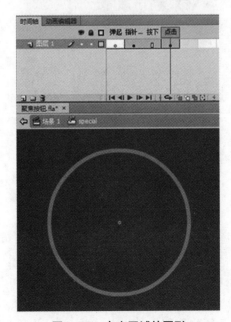

图 7-15 点击区域的图形

步骤 7　在点击帧处按 F6 插入关键帧，并将点击处的线型调为实线，如图 7-15 所示。

步骤 8　单击场景 1，返回到场景。

步骤 9　将图层 1 重新命名为"special"，并从库面板拖出"special"按钮元件，如图 7-16 所示。

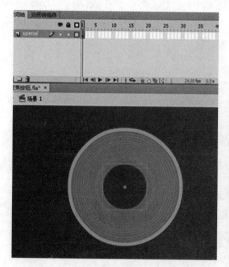

图 7-16　拖出"special"按钮元件

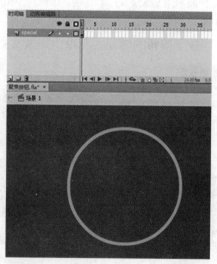

图 7-17　复制多个"special"按钮实例

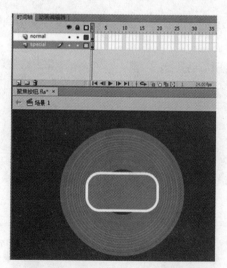

图 7-18　拖出"normal"按钮元件

步骤 10　选中圆形复制出多个，并将复制出的对象逐渐缩小，如图 7-17 所示。

步骤 11　新建一层，将图层命名为"normal"，并从库面板拖出"normal"按钮元件，如图 7-18 所示。

步骤 12　按 Ctrl+Enter 进行测试。

案例 3　制作动态按钮

案例说明

下面我们要做的按钮是当处于弹起状态时，按钮是一个基本的花的图形，当鼠标经过按钮的时候，花的颜色发生一系列的变化，由红变蓝变黄变绿再变紫色，当按下按钮的时候，花由小到大发生旋转。

技能知识

1. 添加感应区域
2. 为按钮各帧添加影片剪辑

上机操作　　范例：Sample\7\1\4_ori.fla
　　　　　　成品：Sample\7\1\4.fla

制作过程

步骤 1　制作花的基本图形元件，将元件的名称命名为"花"，如图 7-19 所示。

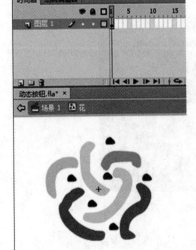

图 7-19　"花"的图形元件　　　图 7-20　拖出"花"的图形元件

150

步骤 2    按 Ctrl+F8，创建新的元件，名称命名为"指针经过"，行为为影片剪辑元件。

步骤 3    单击"确定"按钮，进入"指针经过"影片剪辑元件的编辑状态。

步骤 4    按 F11，弹出库面板，并从库面板中拖出"花"的图形元件，并让拖出的实例相对于舞台中心对齐，如图 7-20 所示。

步骤 5    按三次 F6 键，依次在第 2、3、4 帧的位置插入关键帧，如图 7-21 所示。

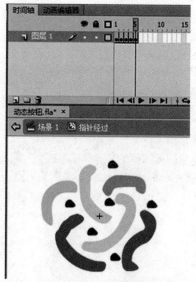

图 7-21    插入关键帧

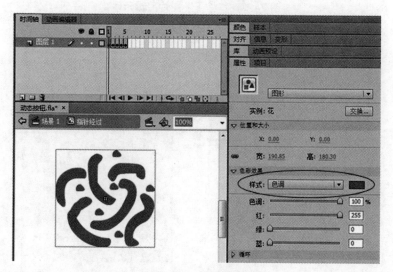

图 7-22    调整颜色

步骤 6 选中第 1 帧，然后单击第 1 帧中"花"的图形实例，在属性面板中选择色调，将颜色调为红色，并将色彩数量调为 100%，如图 7-22 所示。

步骤 7 利用步骤 6 的方法，将第 2、3、4、5 帧的颜色依次调为蓝、黄、绿、紫。

步骤 8 单击场景 1 返回到场景。

步骤 9 按 Ctrl+F8 新建元件，名称为"按下"，行为为影片剪辑元件。

步骤 10 单击"确定"按钮，进入"按下"影片剪辑元件的编辑状态。

步骤 11 从库面板拖出花的图形元件，相对于舞台中心对齐，并按 F6 键，在第 10 帧的位置插入关键帧，如图 7-23 所示。

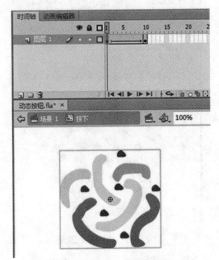

图 7-23 "按下"影片剪辑元件

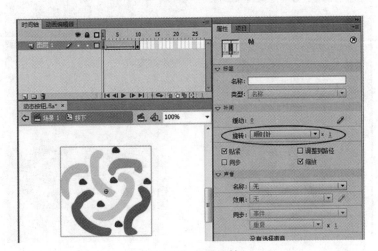

图 7-24 设置旋转

步骤 12　选中第 1 帧中的花的图形，并将其等比缩小为原来的 50%。

步骤 13　选中第 10 帧之前的任意一帧，属性面板里选择补间，创建补间动画。并在属性面板里选择"旋转"，顺时针 1 次。如图 7-24 所示。

步骤 14　单击场景 1，返回到场景。

步骤 15　按 CTRL+F8，创建新的元件，名称为"按钮"，行为是选择按钮。如图 7-25 所示。

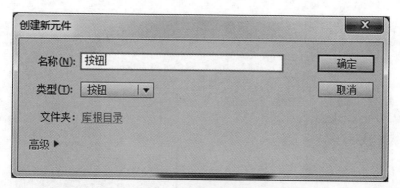

图 7-25　新建按钮元件

步骤 16　单击"确定"按钮，进入按钮元件的编辑状态。

图 7-26　拖出"花"的图形元件

图 7-27　拖出"指针经过"影片剪辑

153

步骤 17 单击"弹起"帧，从库面板中拖出"花"的图形元件，如图 7–26 所示。

步骤 18 单击"指针经过"帧，按 F7 插入空白关键帧，从库面板中拖出"指针经过"的影片剪辑元件，如图 7–27 所示。

步骤 19 单击按下帧，按 F7 插入空白关键帧，并从库面板中拖出"按下"影片剪辑元件。如图 7–28 所示。

图 7–28 拖出"按下"影片剪辑

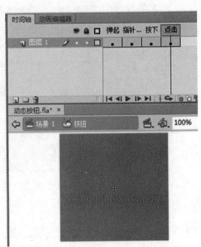

图 7–29 设置反应区

步骤 20 单击点击帧，按 F7 插入空白关键帧，选择"矩形"工具绘制一个矩形，设置按钮的反应区域，如图 7–29 所示。

步骤 21 单击场景 1，返回到场景，并从库面板中拖出按钮元件。

步骤 22 按 Ctrl+Enter 进行播放。

# 第 8 章
## 创建有声动画

本章介绍了可以导入 Flash 中的音频和视频文件的格式以及导入的方法。通过导入音频和视频文件，大大丰富了 Flash 动画的内容，从而制作出更多的动画效果，使得 Flash 的应用范围大大扩大。

通过本章的学习，读者应掌握几种常用格式文件的导入方法以及各种参数的设置，对声音和视频方面的知识有更深一步的了解。

## 8.1 导入声音

声音是 Flash 影片中的重要环节，没有声音的 Flash 动画影片总是会给人以沉闷的感觉。为动画影片加载合适的背景音乐，为 Flash 动态网站的页面添加有趣的按钮声音，会更加吸引浏览者的眼球，增加动画影片的感染力。

Flash CS6 中提供了多种使用声音的方式。可以使声音独立于时间轴连续播放，或使用时间轴将动画与音轨保持同步。为按钮添加声音可以使按钮具有更强的互动性，通过声音的淡入淡出还可以使音轨更加优美。

Flash CS6 中有两种声音类型：事件声音和音频流。

**1. 事件声音**

是指声音是由于某个事件的发生而开始播放的，一旦声音开始播放，就不再受时间轴的约束，会一直播放到声音文件播放完毕。

由于声音的事件触发方式独立于时间轴，如果用户在时间轴中多次触发某个声音文件的话，则这个声音的几个实例会同时播放，相互重叠。

在事件触发方式中，声音只能在完全下载后才开始播放，多用于一些背景音乐、按钮声音等与场景中的动画无关的场合。

**2. 音频流**

声音播放的音频流，可以实现声音文件与时间轴的同步播放。采用这种方式播放声音无须将整个声音文件全部下载就可以开始播放。但是如果文件体积过于庞大，则会影响动画文件在网络上的浏览速度。

由于音频流的声音播放与舞台场景动画同步的特点，使这种播放方式成为制作 Flash MTV 的必选方式。用户可以对照音乐播放速度制作同步播放的 Flash 动画影片。

需要特别注意的是，当一个音乐文件的某个实例以事件声音方式播放时，Flash Player 只是简单地调用库中这个实例所属的声音文件。因此，即使一个声音文件有 100 个实例出现在文档中，这个声音文件也只需要在库中保存一遍就足够了。

然而，一旦用户把某个声音文件"实例"的播放方式指定为音频流方式，则由于该声音文件所包含的音频数据必须被事先分配到时间轴的各个帧中，这就使得发布的 SWF 文件中又多了一个声音文件的体积。换句话说，假如文档中的某个声音文件的 100 个"实例"都是以音频流方式播放，则就等于把该声音文件在 SWF 中保存了 100 遍，会极大地增加 Flash 文件的体积。因此，除非必要（如制作 Flash MTV），否则不要把声音的播放方式设置为音频流方式。

综上，简单地说：事件声音必须完全下载后才能开始播放，除非明确停止，否则它将一直连续播放。音频流在前几帧下载了足够的数据后就开始播放；音频流要与时间轴同步以便在网站上播放。

## 8.2 编辑声音

### 8.2.1 导入音频文件

设置声音对象的属性首先要在 Flash 的舞台工作区中导入一个声音文件。

上机操作　　范例：Sample\8\1\1_ori.fla
　　　　　　　成品：Sample\8\1\1.fla

制作过程

步骤 1　选择"文件 / 导入 / 导入到库"菜单命令，在打开的对话框中选择需要的声音文件，单击"打开"按钮将所选的声音文件导入"库"面板中。如图 8-1 所示。

图 8-1　将声音文件导入库

步骤 2　将"库"面板中的声音文件拖动至舞台场景中，此时场景中没有任何添加了声音的显示，声音文件的添加只显示在帧的上方。如图 8-2 所示。

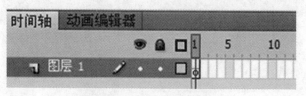

图 8-2　添加声音后帧的显示

步骤 3　单击"时间轴"上的第 1 帧，此时"属性"面板中会显示舞台中声音的播放方式和效果，如图 8-3 所示。

图 8-3　属性面板

### 8.2.2 设置声音属性

将声音导入到舞台后，就需要设置声音的属性。

1. 声音：在这个下拉列表中会列出当前 Flash 文档的"库"面板中已导入的所有声音文件，用户可以在列表中更新需要的声音对象。如图 8-4 所示。

2. 效果：在这个下拉列表中列出了 Flash CS6 中声音可以产生的特殊效果，如图 8-5 所示。

- 无：不对声音文件应用效果。选中此选项将删除以前应用的效果。
- 左声道／右声道：只在左声道或右声道中播放声音。
- 向右淡出／向左淡出：会将声音从一个声道切换到另一个声道。
- 淡入：随着声音的播放逐渐增加音量。
- 淡出：随着声音的播放逐渐减小音量。
- 自定义：允许使用"编辑封套"创建自定义的声音淡入和淡出点。

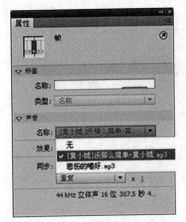

图 8-4 已导入的声音文件

图 8-5 声音效果

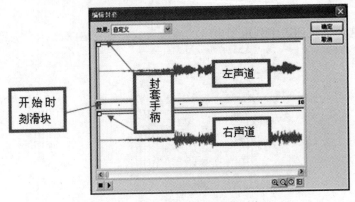

图 8-6 编辑封套

3. 在"编辑封套"对话框中，上面一行代表声音文件的"左声道"，下面一行代表声音文件的"右声道"；每个声道左上角的小方块成为"封套手柄"；中间一栏最左边的竖条方块称为"开始时刻滑块"；通过拖动最下方的滚动条能够找到中间条带上声音文件的"结束时刻滑块"。如图 8-6 所示。

用户可以通过拖放"开始时刻滑块"和"结束时刻滑块"来截去声音开始前和结束后的空白部分，从而减少不必要的体积。

需要创建各种声音的特殊效果时，可以通过拖放"封套手柄"来改变左右声道的音量大小来实现。把相应声道中的"封套手柄"拖放到该声道窗格的顶部就可以把声道的声音设置为最大，拖放到该声道窗格的底部就可以把该声道的声音设置为最小。

在"封套索"上单击，用户可以创建出新的"封套手柄"（最多可以创建 8 个），进而根据需求创建自己的声音效果。如图 8-7 所示，是一个左右声道都淡入淡出的声音效果。

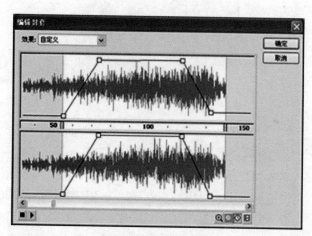

图 8-7　淡入淡出效果

4. 同步：在这个下拉列表中列出了声音的播放方式，如图 8-8 所示，分别为：

- 事件：即事件触发播放方式。事件会将声音和一个事件的发生过程同步起来。事件声音（例如用户单击按钮时播放的声音）在显示其起始关键帧时开始播放，并独立于时间轴完整播放，即使 SWF 文件停止播放也会继续。当播放发布的 SWF 文件时，事件声音会混合在一起。如果事件声音正在播放，而声音再次被实例化（例如用户再次单击按钮），则第一个声音实例继续播放，另一个声音实例同时开始播放。

- 开始：与"事件"选项的功能相近，但是如果声音已经在播放，则新声音实例就不会播放。这样可以有效地防止同样的声音文件被重叠播放。

- 停止：使指定的声音静音。
- 数据流：将同步声音，以便在网站上播放。Flash 强制动画和音频流同步。如果 Flash 不能足够快地绘制动画的帧，它就会跳过帧。与事件声音不同，音频流随着 SWF 文件的停止而停止。而且，音频流的播放时间绝对不会比帧的播放时间长。当发布 SWF 文件时，音频流混合在一起。音频流的一个示例就是动画中一个人物的声音在多个帧中播放。

图 8-8　声音同步

 提　示　　　　如果您使用 MP3 声音作为音频流，则必须重新压缩声音，以便能够导出。可以将声音导出为 MP3 文件，所用的压缩设置与导入它时的设置相同。

　　5. 在同步下拉列表框下面，是"声音循环"下拉列表框，从中选择"重复"或者"循环"选项可以指定所选声音文件在舞台场景中播放的遍数。"重复"选项后的数字代表指定一个重复的次数。如图 8-9 所示。

图 8-9　声音重复

### 8.2.3　输出动画时声音的压缩

在 Flash CS6 中，用户可以为文档中的每个声音文件单独指定其以事件声音触发方式播放时的声音压缩格式，也可以在发布设置中为所有的声音文件指定默认的以事件声音触发方式播放时的声音压缩格式，或以音频流方式播放时的压缩格式。其中，为每个声音文件单独指定的压缩格式的级别会高于发布设置中的默认设置。但当一个声音文件以音频流方式播放时，则总是使用发布设置中指定的默认的音频流压缩格式。

为每个声音文件单独指定专用的以事件触发方式播放时的声音压缩格式，操作步骤如下：

打开"库"面板，右键选择声音文件，在弹出的快捷菜单中选择"属性"命令，此时弹出"声音属性"对话框。如图 8-10 所示。

图 8-10　声音属性

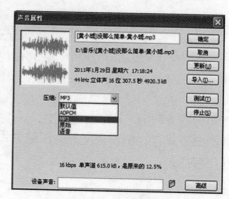

图 8-11　压缩格式

在"声音属性"对话框的"压缩"下拉列表框中选择需要的压缩格式。如图 8-11 所示。其中，MP3 压缩可以使用户以 MP3 压缩格式导出声音，当导出像乐曲这样较长的音频流时，请使用 MP3 选项。

如果声音文件没有选定压缩格式，那么会使用"发布设置"中默认的压缩格式（"文件"—"发布设置"）。如图 8-12 所示。

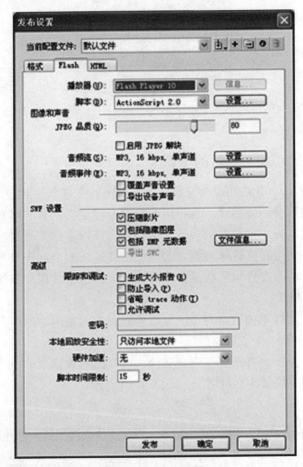

图 8-12　发布设置

单击"音频流"和"音频事件"右侧的"设置"按钮，则可指定文档中以流媒体播放方式存在的声音文件的压缩方式或是以事件触发方式播放的声音文件的默认压缩格式。如图 8-13 所示。

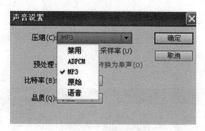

图 8-13　声音设置

如果不希望当前 Flash 文档中的声音文件被发布到 .swf 播放文件中，则可以单击"压缩"下拉列表中的"禁用"选项即可。

## 8.3　添加声音

### 8.3.1　为按钮添加声音

为 Flash 动态网页中的按钮添加一个声音，是创建动态网站经常遇到的操作。

　上机操作　　范例：Sample\8\1\2_ori.fla
成品：Sample\8\1\2.fla

制作过程

步骤 1　创建一个按钮元件，如图 8-14 所示。

图 8-14　按钮元件

步骤 2   导入一个声音，"文件 / 导入 / 导入到库"。

步骤 3   双击"库"面板中的按钮元件，进入按钮元件的编辑窗口。新建一个图层"声音"。如图 8-15 所示。

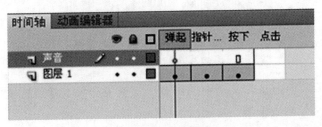

图 8-15   声音图层

步骤 4   在"指针经过"帧上插入关键帧，然后将库面板中的声音拖入舞台。此时该帧的时间轴上就出现了声音的波形线，用同样的方法在"按下"帧处设置声音。如图 8-16 所示。

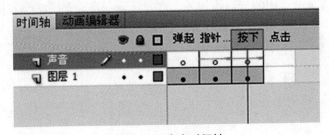

图 8-16   声音时间轴

步骤 5   回到场景，将按钮元件拖入舞台，按 Ctrl+Enter 测试按钮声音。

### 8.3.2   为动画添加声音

   上机操作   范例：Sample\8\1\3_ori.fla
成品：Sample\8\1\3.fla

制作过程

步骤 1   在已经制作完成的动画场景中，先导入一个声音，将声音导入库。如图 8-17 所示。

图 8-17　库中的声音文件

　　步骤 2　新建一个图层"声音"，在第 1 帧将库面板中的声音拖入舞台，此时，时间轴上就出现了声音的波形线。如图 8-18 所示。

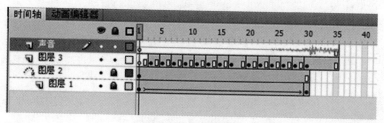

图 8-18　时间轴

　　步骤 3　根据本章第二节中介绍的声音属性，设置一下声音，如截取部分声音，添加淡入淡出效果等。如图 8-19 所示。

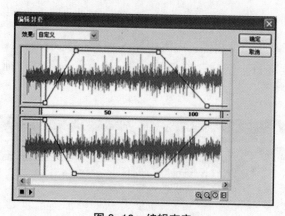

图 8-19　编辑声音

165

步骤 4　在属性面板"同步"中选择"数据流"。如图 8-20 所示。

图 8-20　声音属性

步骤 5　按 Ctrl+Enter 测试影片。

### 8.3.3　重复播放声音

上机操作　　范例：Sample\8\1\4_ori.fla

成品：Sample\8\1\4.fla

制作过程

步骤 1　打开一个动画文件，向库中导入一个音频文件。

步骤 2　回到场景，新建一个图层"声音"。将音频文件拖入该图层。如图 8-21 所示。

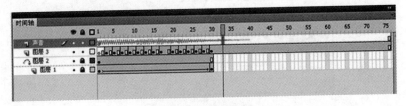

图 8-21　声音图层

步骤 3　选中声音图层，在属性面板中设置"重复"两次。如图 8-22 所示。

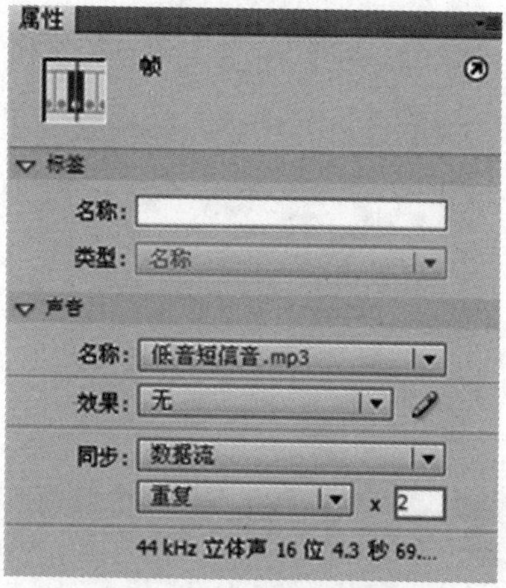

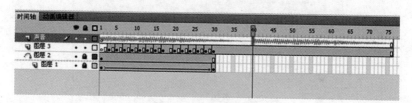

图 8-22　设置重复次数

步骤 4　按 Ctrl+Enter 测试影片。最终时间轴如图 8-23 所示。

图 8-23　最终时间轴

# 8.4　导入视频文件

Flash CS6 除了可以导入音频文件，还可以导入视频文件，根据导入视频文件的格式和方法的不同，用户可以将包含视频文件的影片发布为 SWF 格式的影片或 MOV 格式的 QuickTime。

Flash CS6 可以接受大部分常见的视频文件格式，如 FLV、MP4、MOV、3GP 等，但是导入视频文件的计算机系统中必须安装有 QuickTime 或 DirectX 软件才行，为了能够导入尽可能多的视频文件，最好在计算机系统中同时安装这两个软件。

## 8.4.1　将视频文件导入库中

在 Flash CS6 中，集成了强大的视频编辑功能，用户在导入视频文件时可以通过向导设置来完成。

下面，我们通过一个案例来了解如何将视频文件导入库中。

上机操作　范例：Sample\8\1\5_ori.fla
成品：Sample\8\1\5.fla

制作过程

步骤 1　新建 Flash 文件，ActionScript3.0 版。

步骤 2　"文件 / 导入 / 导入视频"命令，弹出"导入视频"对话框。如图 8-24 所示。

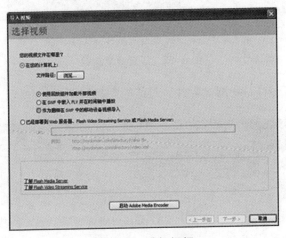

图 8-24　选择视频

步骤 3　单击"浏览"按钮，在弹出的对话框中选择需要导入的视频，单击"打开"。如图 8-25 所示。

图 8-25　打开对话框

步骤 4　回到"导入视频"对话框，点击"下一步"进入视频外观的设置，任意选择一种外观和颜色后，可点击"下一步"。如图 8-26 所示。

图 8-26　外观

步骤 5　单击"完成"按钮，完成视频的导入。按 Ctrl+Enter 测试影片，即可预览视频播放效果。如图 8-27 所示。

图 8-27　测试影片

### 8.4.2　设置视频文件的属性

在 Flash CS6 中，将视频文件导入文档中后，可以对视频文件的属性进行相应的设置，来满足需要。

导入视频文件后，属性面板中有一组组件参数，如图 8-28 所示。

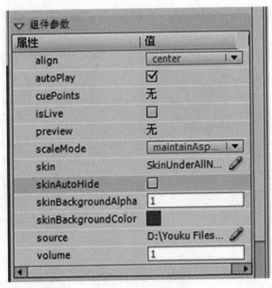

图 8-28　组件参数

1. align : 对齐。默认为：中心对齐。

2. autoPlay : 自动播放。默认为：自动播放。

3. cuePoints : 提示点。

4. isLive : 实时加载流，默认为不加载。

5. preview : 预览。

6. scaleMode : 缩放模式。如图 8-29 所示。

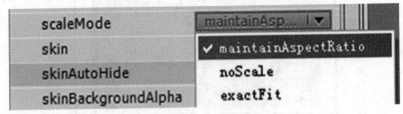

图 8-29　缩放模式

maintainAspectRatio : 保持纵横比。

noScale : 无规模。

exactFit : 精确配合。

7. skin：外观。进入选择外观编辑器，选择外观样式及颜色。图 8–30 所示。

图 8–30　外观

8. skinAutoHide：自动隐藏外观。测试影片后，外观被自动隐藏。

9. skinBackgroundAlpha：外观背景的透明度。当值设置为"0"时，测试影片后，外观显示为透明状态。

10. skinBackgroundColor：外观背景颜色。

11. source：导入视频的来源。

12. volume：音量。值越大，测试影片声音越大。

### 8.4.3　导出视频文件

在 FlashCS6 中，如果需要对编辑完的视频文件进行保存，可以将其导出。导出的格式有多种，如：swf、avi、mov、gif、wav、jpg、gif 等，我们可根据需要自行设置导出格式。其中 swf 为默认导出格式。

上机操作　　范例：Sample\8\1\6_ori.fla
　　　　　　　成品：Sample\8\1\6.fla

制作过程

步骤 1　在 Flash CS6 中，导入一个视频文件（可以以上节案例导入视频案例

为例 )。如图 8-31 所示。

图 8-31　打开文件

　　步骤 2　选择"文件 / 导出 / 导出影片"命令，在弹出的"导出影片"对话框中设置保存的路径、名称以及类型，如图 8-32 所示。

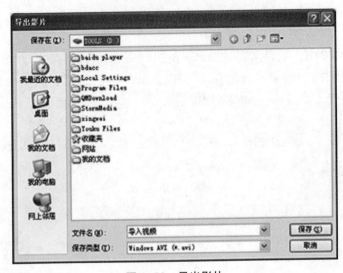

图 8-32　导出影片

　　步骤 3　单击"保存"按钮，弹出"导出 Windows AVI"对话框，在其中设置相应选项，如图 8-33 所示。单击"确定"按钮，即可导出视频文件。

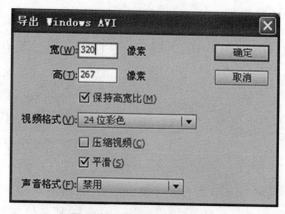

图 8-33　导出 Windows AVI

# 第 9 章
# 使用 ActionScript 3.0 创建交互式动画

> 本章主要介绍 ActionScript 3.0 脚本语言，并利用 ActionScript 脚本语言创建简单的交互式动画。

　　ActionScript 脚本编辑语言在经历了两个版本的升级、更新和使用，发展到了今天普遍应用的 ActionScript 3.0 时代。ActionScript 3.0 版本较前一个版本有了很大的改进：ActionScript 3.0 提供了更可靠的编程模型，兼容了上一版本的面向对象编程的特点；一个新增的 ActionScript 虚拟机——"AVM2"，它使用全新的字节码指令集，可使性能显著提高；编译器代码库更为先进，可执行更深入的优化；应用程序编程接口 (API) 得到了扩展并且进行了改进，拥有对对象的低级控制和真正意义上的面向对象的模型和一个基于文档对象模型 (DOM) 第 3 级事件规范的事件模型。

　　ActionScript 3.0 旨在方便创建拥有大型数据集和面向对象的可重用代码库的高度复杂应用程序。虽然要达到相同的目的，ActionScript 3.0 的代码长度要比 2.0 和 1.0 长，但它使用新型的虚拟机 AVM2 实现了性能的改善。ActionScript 3.0 代码的执行速度可以比旧式 ActionScript 代码快 10 倍。

　　ActionScript 3.0 脚本助手主要也由动作工具箱、脚本导航器和脚本编辑窗三部分组成。但 3.0 版本的使用方法较 2.0 版本有了很大的改变，因为类的关系发生了很大的变化，所以我们也能更多地看到面向对象编程的痕迹，而且也更侧重于程序脚本的编写。另外 3.0 版本中的监听器也得到了十分广泛的应用，Action Script 所有的事件都已经纳入到事件监听器当中，监听器在监听到某一事件的时候，会做出适时的反应，这些反应可以通过预定义的函数执行。新的事件模型也非常强大，它允许鼠标、键盘对显示列表对象当中多个对象传递，也就是我们经常说的捕捉和冒泡的这种事件方式。

　　ActionScript 3.0 动作面板如图 9–1 所示：

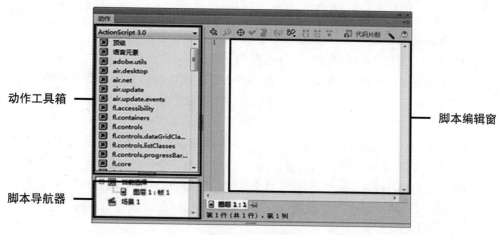

图 9-1 动作面板

打开动作面板的方法：单击"窗口"菜单，选择"动作"命令，或者按快捷键 F9 将其打开。

动作面板由动作工具箱、脚本导航器和脚本编辑窗三部分组成。动作工具箱用于显示 ActionScript 语言元素，可以在其中选中某种元素，双击将其添加至脚本编辑窗当中。脚本导航器用来显示 Flash 文档中所有的包含脚本的对象，通过单击该对象，可以实现在各个对象脚本之间的快速切换。脚本编辑窗则是 ActionScript 语言的编辑器，用以在其中编辑、调试、修改检测代码，可以用脚本助手在专家模式和普通模式之间进行切换。

# 9.1 ActionScript 编程基础

## 9.1.1 常见术语

- Actions（动作）：就是程序语句，它是 ActionScript 脚本语言的灵魂和核心。
- Events（事件）：简单地说，要执行某一个动作，必须提供一定的条件，如需要某一个事件对该动作进行的一种触发，那么这个触发功能的部分就是 ActionScript 中的事件。
- Class（类）：是一系列相互之间有联系的数据的集合，用来定义新的对象类型。
- Expressions（表达式）：语句中能够产生一个值的任一部分。
- Function（函数）：指可以被传送参数并能返回值的以及可重复使用的代码块。
- Instances（实例）：实例是属于某个类的对象，一个类的每一个实例都包

175

含类的所有属性和方法。

- Variable（变量）：变量是一段有名字的连续存储空间。
- Text（常量）：指在程序运行过程中，其值不可改变的量。
- Instancenames（实例名）：是在脚本中指向影片剪辑实例的唯一名字。
- Methods（方法）：是指被指派给某一个对象的函数，一个函数被分配后，它可以作为这个对象的方法被调用。
- Objects（对象）：一些相关的变量、属性和方法的软件集。通过对象可以自由访问某一个类型的信息。

Flash 使用 ActionScript 给动画添加交互性。在简单动画中，Flash 按顺序播放动画中的场景和帧；而在交互动画中，用户可以使用键盘或鼠标与动画交互。

### 9.1.2　变量

变量是一段有名字的连续存储空间。在源代码中通过定义变量来申请并命名这样的存储空间，并通过变量的名字来使用这段存储空间。变量是程序中数据的临时存放场所。在代码中可以只使用一个变量，也可以使用多个变量。声明变量需使用关键字 var，语法如下：

var 变量：数据类型

变量自身也有其命名规则：

- 变量名必须以字母打头，名字中间只能由字母、数字和下划线 "_" 组成；
- 变量名不能超过 255 个字符；
- 变量名在其范围内必须是唯一的。

此外，不同变量也有其自身的使用范围，如本地变量、时间轴变量、全局变量。

本地变量是指变量只能作用于从变量声明处开始或包含它的函数体内。

时间轴变量是指只能作用于时间轴脚本上的变量。

全局变量是指所有时间轴脚本及任何函数体内都能起作用的变量。

### 9.1.3　常量

常量指在程序运行过程中，其值不可改变的量。与变量不同，常量没有名称，但仍有存储地址。在 Flash 当中常用到的常量有 "true 常量、false 常量、newline 常量"。

### 9.1.4　数据类型

数据类型是指一个值的集合以及定义在这个值集上的一组操作。其中常见的数据类型有：

字符串（String）：字符串是由字母、数字和标点符号等字符组成的序列。在实际应用当中，字符串应置于单引号或双引号之间，且字符串会被作为字符处理而不是变量。

数字类型（Number）：数字类型是双精度浮点数，可以使用算术运算符来进行运算。

布尔值（Boolean）：布尔值是 true 和 false 中的一个。脚本会在适当的时候将 true 和 false 转换为 1 和 0。通常布尔值会与逻辑运算符一同使用。

对象（Object）：一些相关的变量、属性和方法的软件集。

影片剪辑（MoveClip）：是 Flash 中可以播放的动画元件，也是唯一可以引用的图形元素的数据类型。

空值数据类型（Null）：没有值或缺少数据，即为 Null。

### 9.1.5　类

类是面向对象程序设计语言中的一个概念。一个类定义了一组对象。类具有行为 (behavoir)，它描述一个对象能够做什么以及做的方法 (method)，它们是可以对这个对象进行操作的程序和过程，是一系列相互之间有联系的数据的集合，用来定义新的对象类型。

类是对某个对象的定义。它包含有关对象动作方式的信息，包括它的名称、方法、属性和事件。实际上它本身并不是对象，因为它不存在于内存中。当引用类的代码运行时，类的一个新的实例，即对象，就在内存中创建了。虽然只有一个类，但能从这个类在内存中创建多个相同类型的对象。类通过接口与外界发生关系。

在 ActionScript 3.0 中，所有显示的对象都继承于一个 displayObject 类；在统一于一个类的前提下又分出了两个层次。第一层又分为两个分支："InteractiveObject"可以增加事件，可以接受互动。而"Bitmap、Shape、Video、AVMIMovie、StaticText、MorpShape"这六个是不能增加事件，不能互动。并且这六个又分为两种：不可创建和可创建的。StaticText、MorpShape 这两个类是不可创建的。第二层：容器类和非容器类。DisplayObjectContainer 表示容器类，SimpleButton、TextField 为非容器类，所谓容器类就是可以包含其他的可视对象的类。

### 9.1.6　ActionScript 运算符

在 Flash 中，常见的运算符有算术运算符、比较运算符、逻辑运算符、相等运算符、位运算符等。它们通常被用来指定值是如何被联合、比较和改变的。

算术运算符通常用来对值进行数学运算，比较常见的算术运算符包括加（+）、减（−）、乘（×）、除（/）、递增（++）、递减（−−）等。

比较运算符常用于比较表达式的值，通常返回值是一个布尔值。比较常见的比较运算符有大于（>）、小于（<）、大于等于（≥）、小于等于（≤）、等于（=）等。

逻辑运算符用来比较布尔值，返回值也是一个布尔值。比较常见的逻辑运算符有逻辑与（&&）、逻辑或（||）、逻辑非（!）等。

它们的运算方式也有着严格的规定，当同一语句中同时出现多种运算时，脚本便会按照优先律进行依次运算，比如先算乘除法，后算加减法。当多个运算符优先级相同时，由它们的结合律确定它们的执行顺序。

## 9.2 使用 ActionScript3.0 创建交互式动画

### 9.2.1 影片剪辑实例的命名

影片剪辑制作完成后我们称之为"影片剪辑元件"，"影片剪辑元件"被拖动到舞台后我们称其为"元件实例"。若要用程序控制影片剪辑，我们就得为影片剪辑命名，从而修改影片剪辑的属性。

步骤 1　单击场景中的实例。

步骤 2　在属性面板的"实例名称"中输入"mc"，如图 9-2 所示。

图 9-2　元件属性面板

### 9.2.2　事件处理机制

图 9-3　监听器案例效果图

1. 事件监听

 上机操作 | 范例：Sample\9\1_ori.fla<br>成品：Sample\9\1.fla

AS 3.0 事件机制包含 4 个步骤：注册监听器、发送事件、监听事件、移除监听器。

注册监听器：先确定发出的事件由哪个对象的哪个方法来接受，发送的事件才能被监听器接受，当然发送事件的类型要和监听器的类型一样。

步骤 1　创建一个影片剪辑元件，并命名为"bf"。第一层命名为蝴蝶，并在第 1 帧绘制一只展翅的蝴蝶，在第 2 帧绘制一只蝴蝶并改变翅膀方向，如图 9-4、图 9-5。

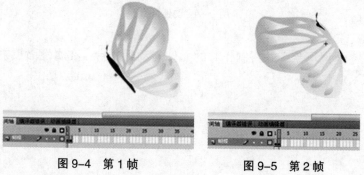

图 9-4　第 1 帧　　　　　　　图 9-5　第 2 帧

步骤 2 新建图层 2，并命名为 "代码"。如图 9-6 所示。

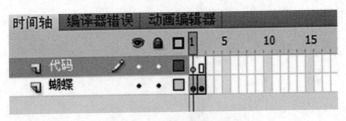

图 9-6 新建 "代码" 图层

步骤 3 单击 "代码" 层第 1 帧，按 F9 调出动作面板，并录入以下代码：
this.stop();// 当前路径下执行停止。如图 9-7 所示。

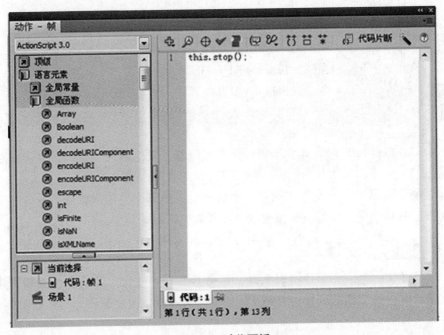

图 9-7 动作面板

步骤 4 返回场景，并将制作好的元件拖动到舞台，在属性面板中将其命名为 "bf_mc"，如图 9-8 所示。

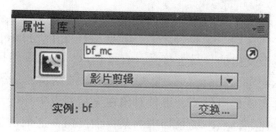

图 9-8　元件名称

步骤 5　新建图层 2，按 F9 调出动作面板，在脚本编辑窗口录入以下代码：
function dk(dkbf:MouseEvent){// 声明函数 dk，设置参数时间类型 MouseEvent
bf_mc.gotoAndStop(2)；//bf_mc 实例跳转并停止在第 2 帧
}
bf_mc.addEventListener(MouseEvent.CLICK,dk);// 设置监听鼠标事件，并返回值
dk

如图 9-9 所示。

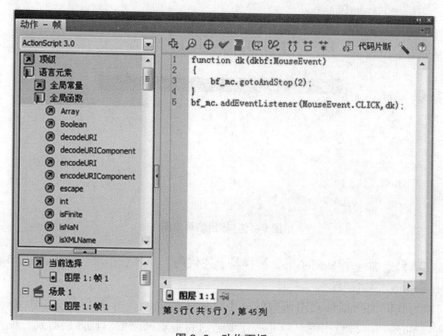

图 9-9　动作面板

步骤 6　按 Ctrl+Enter 测试影片。

由上面的例子可以简单地看出监听器的使用方法，首先由实例 "bf_mc" 进行监听鼠标事件，当侦测到鼠标动作 "MouseEvent.CLICK" 也就是鼠标单击事件

时，则返回值给函数"dk"，执行第二行代码。

事件的概念：当注册一个事件之后，只要事件发生，Flashplayer 就会调度事件对象，也就是说谁发出的，马上接受，直接到达，如果事件目标是在显示列表当中，是一个显示对象，Flashplayer 会按对象所处的结构，逐级传递，直到送达目标。这个过程其实就是事件流，事件对象在显示列表中穿行，从舞台开始，一直到达目标节点。比如，点击场景当中的某一个按钮，这个是怎么穿行的呢？首先，从舞台开始，stage，然后到下一个层级，比如说按钮外面是一个 MovieClip，下一个层级就是 MovieClip，然后到达目标节点，我们点击的是按钮，它的目标节点就是按钮，这个过程就是捕获阶段；事件到达目标节点的时候称为目标阶段，其实就是一瞬间被称为目标阶段，然后事件再由目标节点返回舞台，这个过程称为冒泡阶段，同样通过按钮的父级。不同类型的事件，它的目标节点也是有所不同的。

例如：

```
stage.addEventListener(MouseEvent.CLICK,clk);
function clk(e:MouseEvent):void{
    trace(e.eventPhase);                        // 测试输出：2
}
```

如图 9-10 所示。

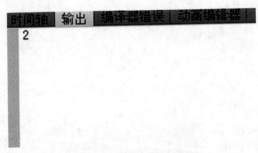

图 9-10　输出结果如图

在舞台上加一个 MovieClip，同样是上述代码，如果点击舞台输出：2，如果点击 MovieClip，则输出：3。

因为我们侦听鼠标点击函数的这个目标还是 stage，那么怎么才能让 stage 听到这个 MovieClip 被点击呢？就是一定要通过冒泡返回来的时候才能听到，也就是说 MovieClip 本身这个事件不是它发出来的，它不能马上被听到，它需要这个被点击的 MovieClip，通过它的显示层级一层一层地冒泡上来，它才能听到，这个时候，它的事件流的这个过程是处在冒泡阶段的。stage 可以听到所有的事件，因为最终都要返回到舞台上来，事件都要冒泡上来，那么冒泡上来的如果不是 stage 本身，它现在所处的事件阶段一定是冒泡上来的，如果是 stage 本身，它是在目标阶段，也就是 2。

除此之外，监听器还有其自身的优先级。为同一个事件注册多个事件侦听器的时候，如果一个事件被触发，这几个侦听器都会被执行，执行的顺序默认的就是注册的顺序。

在动作面板中输入下列代码：

```
stage.addEventListener(MouseEvent.CLICK,clk_a);
stage.addEventListener(MouseEvent.CLICK,clk_b);
function clk_a(e:MouseEvent):void{
    trace( "a" );
}
function clk_b(e:MouseEvent):void{
    trace( "b" );
}                               //输出结果为 a b
```

如图 9-11 所示。

图 9-11　输出结果如图

输对上述代码做以改动，并输入动作面板当中：

```
stage.addEventListener(MouseEvent.CLICK,clk_a,false,2);
stage.addEventListener(MouseEvent.CLICK,clk_b,false,3);
function clk_a(e:MouseEvent):void{
    trace( "a" );
}
function clk_b(e:MouseEvent):void{
    trace( "b" );
}                               //测试输出：b a
```

如图 9-12 所示。

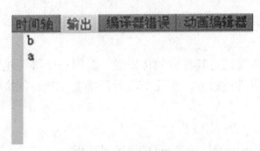

图 9-12　输出结果如图

在这段代码中，我们在注册监听器时加了"false,2"和"false,3"两串代码，则输出结果便与第一段代码输出的结果不同，这是因为最后一个数字代表的是监听器的优先级，数字越大，监听器优先级便越高。

比如 MouseEvent.CLICK，鼠标点击事件，它有一个关联行为，鼠标点击显示场景中对象的时候，同时也会把焦点移给对象，这种移动焦点的操作就是关联行为。

### 9.2.3　使用 navigateToURL 跳转到网页

案例效果

图 9-13　某网站促销广告

技能知识

1. navigateToURL 语句
2. 按钮元件的制作

上机操作　范例：Sample\9\2_ori.fla
　　　　　成品：Sample\9\2.fla

制作过程

步骤 1　新建一个 Flash 文件，执行"文件 / 导入 / 导入到舞台"命令，在弹出的"导入"对话框中选择"广告 .png"图像文件，将其导入舞台中。如图 9-14 所示。

图 9-14　导入到舞台

步骤 2　执行"插入 / 新元件"命令，在弹出的"创建新元件"对话框中将名称改为"热点"，类型设置为"按钮"，如图 9-15 所示。

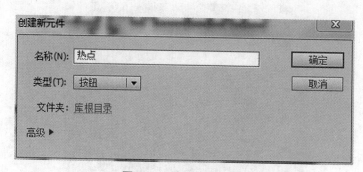

图 9-15　新建按钮元件

步骤 3　在"点击"帧处插入关键帧，并利用矩形工具绘制一无笔触、填充

185

为浅绿色的矩形，如图 9-16 所示。

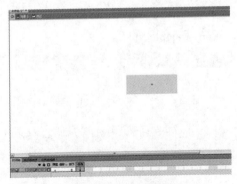

图 9-16　填充效果

步骤 4　返回场景 1，将库面板中"热区"按钮拖拽至舞台相应位置，在属性面板中将实例名称改为"MC"，并在脚本编译窗口输入以下代码：

function gotoMyUrl(event:MouseEvent):void{// 定义函数

var myUrl:URLRequest=new URLRequest("http://www.suning.com")// 声 明 Request 对象

navigateToURL(myUrl);　　　// 使用该对象的 navigateToURL 方法链接地址

}

MC.addEventListener(MouseEvent.CLICK,gotoMyUrl);// 为按钮添加侦听器

步骤 5　测试影片。

### 9.2.4　使用 startDrag 实现元件拖拽

案例效果

图 9-17　元件拖拽效果图

技能知识

　1. 影片剪辑软件
　2. startDrag 语句

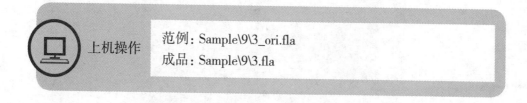

上机操作　范例：Sample\9\3_ori.fla
　　　　　成品：Sample\9\3.fla

制作过程

　　步骤 1　创建一个 Flash 文件，按 F11 打开库面板，将 "Beijing.jpg" 图像文件拖拽到舞台中央，如图 9-18 所示。

图 9-18　库面板

步骤 2 新建图层 2，将库面板中"MoveClip"下"mc"元件拖拽至图层 2，如图 9-19 所示。

图 9-19 元件拖至图层 2

步骤 3 选择图层 2 的第 1 帧，按 F9 调出动作面板，在脚本编译窗口输入以下代码：

startDrag("_root.mc",true); // 在影片剪辑上开始释放跟随鼠标动作，并引用"mc"元件，使鼠标位于实例中央

Mouse.hide(); // 隐藏鼠标

### 9.2.5 用 play 和 stop 控制影片剪辑的播放与停止

案例效果

图 9-20 控制影片剪辑效果图

技能知识

1. 影片剪辑的制作

2. play 和 stop 语句的应用

上机操作　范例：Sample\9\4_ori.fla
成品：Sample\9\4.fla

制作过程

步骤 1　制作一个影片剪辑，并将其拖动到场景当中。

步骤 2　在属性面板中将其命名为 "mc"。

步骤 3　新建图层 2，在图层 2 中拖入两个按钮，分别在其上加上 "play" 和 "stop" 文字，如图 9-21 所示。

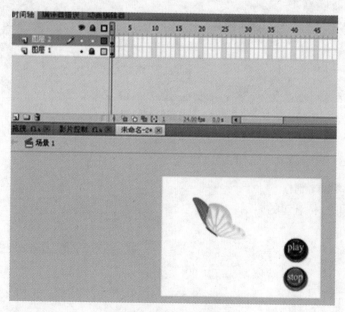

图 9-21　图层中的按钮

步骤 4　单击图层 2 的第 1 帧，按 F9 调出动作面板，并输入代码 "mc. stop()"，使影片剪辑实例停止自动播放。

步骤 5 单击"play"按钮，按 F9 调出动作面板，在脚本编译器中输入"on"和"release"，在大括号内输入"mc.play()"，用以使影片剪辑实例在按钮触发动作时开始播放。用同样的方法设置"stop"按钮，代码如下：

```
on(release){        // 设置鼠标事件为释放
mc.stop();          // 影片剪辑停止
}
```

### 9.2.6 影片的播放与停止

案例效果

图 9-22 影片控制效果图

技能知识

1. 基本动画的制作
2. play 和 stop 语句的应用

 上机操作
范例：Sample\9\5_ori.fla
成品：Sample\9\5.fla

制作过程

步骤 1 创建一个简单的动画，如图 9-23 所示。

图 9-23 创建简单的动画

步骤 2 新建图层，并将其命名为"按钮"。从公用库中拖拽出两个按钮，并在其上添加"play"和"stop"文字，如图 9-24 所示。

图 9-24 添加按钮

这时我们按下 Ctrl+Enter 测试影片，发现按钮并不能控制影片的播放与停止。

步骤 3 单击"按钮"层的第 1 帧，按 F9 调出动作面板，双击"全局函数 /时间轴控制 /stop"，使影片在第 1 帧处停止，如图 9-25 所示。

图 9-25　在第一帧处停止

步骤4　选中播放按钮，按 F9 调出动作面板，单击"全局函数 / 影片控制 / on"选择"release"，将光标定位于大括号内，单击"时间轴控制 /play"，如图 9-26 所示。

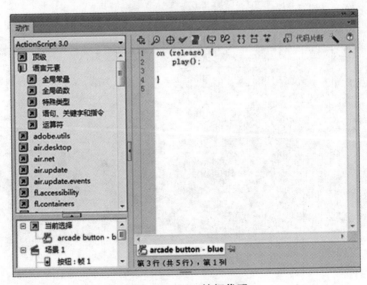

图 9-26　play 按钮代码

同样，用此方法设置"stop"按钮。

这时，按钮便可自如地控制影片的停止与播放了。

综合案例

案例效果

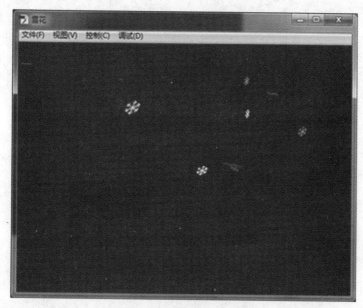

图 9-27　综合案例效果图

技能知识

1. 基本图形的绘制
2. 影片剪辑的制作
3. AS 3.0 基本语句的使用

　上机操作　范例：Sample\9\5_ori.fla
成品：Sample\9\5.fla

制作过程

步骤 1　新建一个 Flash 文档，并将舞台颜色改为黑色，如图 9-28 所示。

图 9-28　舞台颜色

步骤 2　在此文档的基础上按 Ctrl+F8 创建一个图形元件，并命名为"xue"，如图 9-29 所示。

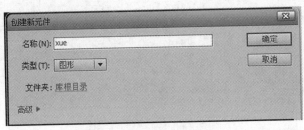

图 9-29　新建图形元件

步骤 3　在元件编辑场景，用单击"线条工具"，在属性面板中将线条的颜色调整成白色，笔触宽度为 3.0。在画布中央绘制一条直线，如图 9-30、图 9-31 所示。

图 9-30　属性面板

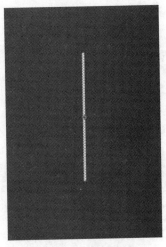

图 9-31　绘制直线

步骤4　单击选中直线，利用快捷键 Ctrl+K 调出对齐面板，使其相对舞台"垂直中齐"，"水平中齐"，如图 9-32 所示。

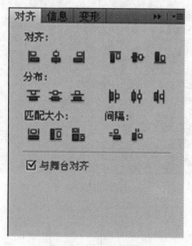

图 9-32　对齐面板

步骤5　再利用线条工具在直线两端绘制若干条短线，如图 9-33 所示。

图 9-33　绘制线条

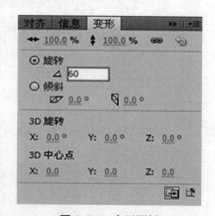

图 9-34　变形面板

步骤6　按 Ctrl+A 将线条全部选中，并利用快捷键 Ctrl+T 调出变形面板，将图形旋转角度设置为 60°，如图 9-34 所示。

步骤7　按下变形面板右下角的"重置选取和变形"按钮两次，得到图像如图 9-35 所示。

图 9-35　雪

步骤 8　在"图层 1"下方新建"图层 2"，如图 9-36 所示。

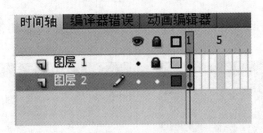

图 9-36　新建图层

步骤 9　在"图层 2"中绘制一个正圆，大小与雪花图形相当，如图 9-37 所示。

图 9-37　正圆与雪花的位置与大小

步骤 10　单击选中正圆，在颜色面板中将其填充方式调整为"径向渐变"，颜色由白色过渡为黑色。单击黑色调解点，将其透明度改为 30%，如图 9-38、图 9-39 所示。

图 9-38　径向渐变

图 9-39　渐变后的效果

步骤 11　返回场景 1，新建一个影片剪辑元件，并将其命名为 "xiaxue"，如图 9-40 所示。

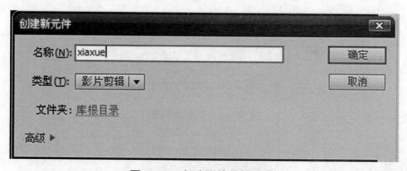

图 9-40　新建影片剪辑元件

步骤 12　进入元件编辑界面，在第 1 帧处将图形元件 "xue" 拖入，并在第 40 帧处按 F6 复制关键帧，并将第 40 帧的 "xue" 元件拖动到元件中心点的下方。如图 9-41、图 9-42 所示。

图 9-41　第 1 帧　　　　　　　图 9-42　第 40 帧

步骤 13　在属性面板中将第 40 帧元件的透明度改为 10%，如图 9-43 所示。

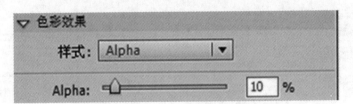

图 9-43　更改透明度

步骤 14　选中第 40 帧元件，在修改菜单中执行"修改 / 变形 / 垂直翻转"命令，并创建"传统补间"，如图 9-44 所示。

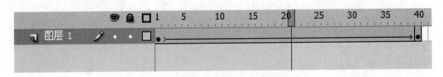

图 9-44　传统补间时间轴

步骤 15　返回场景，按 F11，调出库面板，在影片剪辑元件"xiaxue"的属性面板高级选项中勾选"为 ActionScript 导出"，如图 9-45 所示。

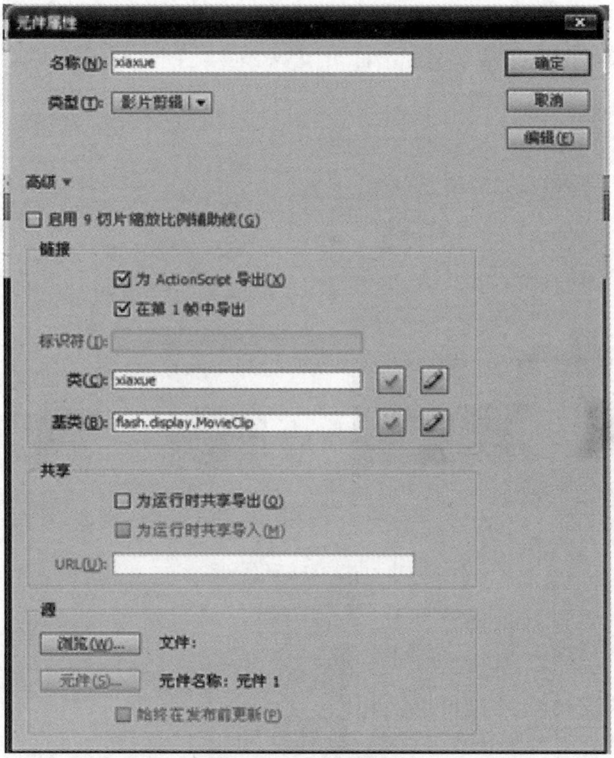

图 9-45　元件属性

步骤 16　将"类"改为"xx_mc",单击"确定",如图 9-46 所示。

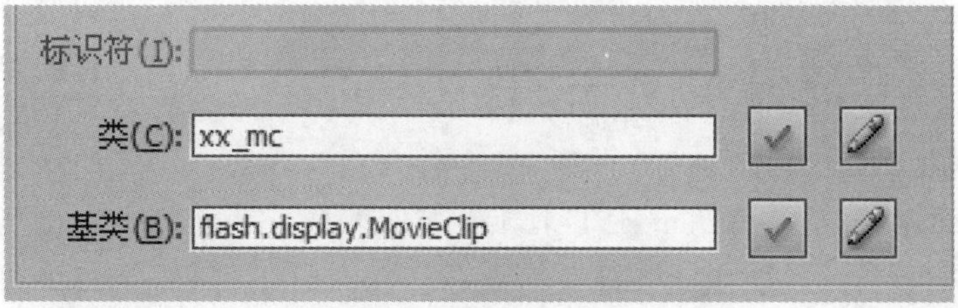

图 9-46　设置类"xx_mc"

步骤 17　在图层 1 的第 1 帧处按 F9,打开动作面板,输入如下代码:

```
import flash.utils.Timer;
import flash.events.TimerEvent;
import flash.events.Event;
var d=0;
var sj:Timer=new Timer (Math.random()*500+500,10);
```

```
// 设置对象出现随机间隔时间在 0.5—1 秒之间
sj.addEventListener (TimerEvent.TIMER,sjcd);
// 设置时间监听
sj.start();
// 动画开始
function sjcd(event:TimerEvent)
// 定义时间传递函数 sjcd
{
    var xiaxue:xiaxue_mc=new xiaxue_mc();
// 声明对象 "xiaxue"
    addChildAt (xiaxue,d);
// 将对象显示到舞台
    xiaxue.x=Math.random()*550;
// 设置对象在舞台横坐标随机范围 0—550
    xiaxue.y=Math.random()*300;
// 设置对象在舞台纵坐标随机范围 0—300
    xiaxue.alpha=Math.random()*1+0.2;
// 设置对象透明度随机在 120%—20% 之间
    xiaxue.scaleX=Math.random()*1+0.2;
// 设置对象宽度随机在 1—0.2 之间
    xiaxue.scaleY=Math.random()*1+0.2;
// 设置对象高度随机在 1—0.2 之间
    d++;
}
// 随机显示雪花效果
this.addEventListener(Event.ENTER_FRAME,cfcd);
// 用当前舞台做监听重复事件
function cfcd(event:Event)
// 声明函数 cfcd
{
    if (currentFrame>90)
// 获取当前帧，最多 90 帧
    {
            for (var i=0;i<10;i++)
            {
```

```
                getChildAt(i).visible=false;
            }
// 寻找索引并隐藏对象
            removeEventListener(TimerEvent.TIMER,sjcd);
// 移除监听
        }
}
```

# 第10章
## 动画的发布

本章主要介绍 Flash 动画的格式及其导出方法以及动画发布的方法。

## 10.1 动画的优化

制作一个 Flash 最后的步骤就是动画的发布，但是为了使动画在网络上下载速度更快，需要进行进一步的优化工作。但在制作过程当中还须注意以下几个问题：

- 针对重复使用的图形，尽量将其转化为元件。
- 减少位图的使用。
- 处理矢量图时尽量使用简洁的线条和填充。
- 限制使用字体和字体样式，减少字体的导入。
- 声音文件尽量使用或转换为 MP3 格式。

## 10.2 Flash 的导出

将 Flash 动画导出，成为一个独立的影片是动画发布的主体部分，可以将其导出的格式有 SWF、AVI、GIF 等。

SWF（shock wave flash）是 Flash 的专用标准格式，是一种支持矢量和点阵图形的动画文件格式，被广泛应用于网页设计、动画制作等领域，SWF 文件通常也被称为 Flash 文件。它的压缩量极小，非常适合网络下载，并且可以在绝大多数浏览器中实现播放和互动。

### 10.2.1 SWF 格式的导出

步骤 1 单击"文件"菜单，选择"导出 / 导出影片"命令，弹出对话框，如图 10-1 所示。

图 10-1 导出影片

步骤 2 选择导出位置，在"文件名"文本框中对文件进行重命名；在"保存类型中"选择 SWF 影片，单击保存。

### 10.2.2 avi 视频格式的导出

AVI 英文全称为 Audio Video Interleaved，即音频视频交错格式。是将语音和影像同步组合在一起的文件格式。它对视频文件采用了一种有损压缩方式，但压缩比较高，因此尽管画面质量不是太好，但其应用范围仍然非常广泛。AVI 支持 256 色和 RLE 压缩。AVI 信息主要应用在多媒体光盘上，用来保存电视、电影等各种影像信息。但是 AVI 视频是由点阵构成的，输出 Flash 时文件量会成倍增加，所以 AVI 格式比较适合本地播放。

将 Flash 导出为 AVI 视频步骤如下：

步骤 1 执行"文件 / 导出 / 导出影片"命令，如图 10-2 所示。

图 10-2 导出影片

步骤 2　选择导出位置，在"文件名"文本框中对文件进行重命名；在"保存类型中"选择"Windows AVI"，单击保存，如图 10-3 所示。

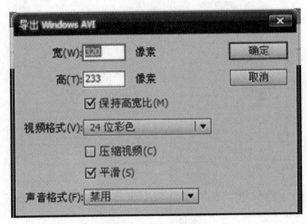

图 10-3　保存类型

其中各项参数含义如下：

宽、高：设置视频输出的尺寸，单位为像素。

保持高宽比：修改尺寸时长宽比例保持不变。

视频格式：设置视频颜色位数，有 8、16、24、32 位彩色。

压缩视频：是否在输出时对视频文件进行压缩。

平滑：是否对视频进行抗锯齿化处理。

声音格式：设置视频的音频质量。

### 10.2.3　GIF 格式导出

GIF（Graphics Interchange Format）的原意是"图像互换格式"，是 CompuServe 公司在 1987 年开发的图像文件格式。GIF 文件的数据，是一种基于 LZW 算法的连续色调的无损压缩格式。其压缩率一般在 50% 左右，它不属于任何应用程序。目前几乎所有相关软件都支持它，公共领域有大量的软件在使用 GIF 图像文件。GIF 图像文件的数据是经过压缩的，而且是采用了可变长度等压缩算法。GIF 格式的另一个特点是其在一个 GIF 文件中可以存多幅彩色图像，如果把存于一个文件中的多幅图像数据逐幅读出并显示到屏幕上，就可构成一种最简单的动画。

将 Flash 导出为 GIF 格式的步骤如下：

步骤 1　执行"文件 / 导出 / 导出影片"命令，如图 10-4 所示。

图 10-4　导出影片

步骤 2　选择导出位置，在"文件名"文本框中对文件进行重命名；在"保存类型中"选择 GIF 动画，单击保存，如图 10-5 所示。

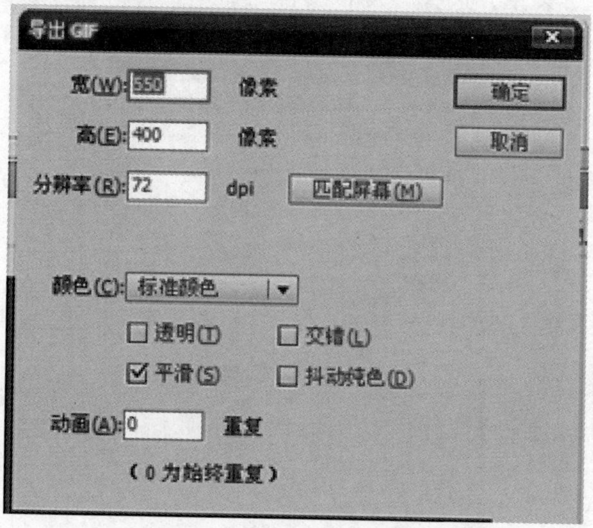

图 10-5　GIF 格式导出参数设置

其中各项参数含义如下：

宽、高：设置视频输出的尺寸，单位为像素。

分辨率：动画输出分辨率。

颜色：需要输出作品的颜色数目。有 4、8、16、24、32、64、128、256 和标准颜色可以选择。

透明：作品背景是否透明。

平滑：是否对视频进行抗锯齿化处理。

交错：下载过程中以交错方式显示。

抖动纯色：对色块进行处理，防止出现不均匀色块。

动画：作品输出时重复播放的次数。

除以上几种常见的输出格式以外，Flash 还可以以 PNG、WAV、WMF 等格式导出。

## 10.3  作品的发布

Flash 作品的发布和导出在某些方面有些类似，但一个 Flash 作品导出后可以再以其他软件进行再编辑，但发布则跳过了再加工的过程，直接进行到了作品的终点——直接在网上浏览。

Flash 已经为我们准备好了发布作品所需的环境及配置，这样就省去了我们对网络环境的编辑。

单击"文件"菜单，选择"发布设置"命令，打开发布设置对话框，如图 10-6 所示。

图 10-6  发布设置对话框

在格式选项中的选项是可以多选的，这里可以选择要发布的格式，每勾选一项就会相对应地出现该格式的属性选项卡。

### 10.3.1 发布 Flash 文件格式

在"发布设置"面板中单击选择"Flash",转换到 Flash 属性设置选项卡,如图 10-7 所示。

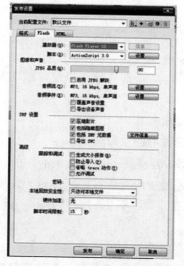

图 10-7 Flash 属性设置

### 10.3.2 发布 HTML 文件格式

HTML 文件中包含了网页中动画所需的 HTML 语法,是针对网页动画进行的动画发布设置,单击"HTML",进入 HTML 属性设置选项卡,如图 10-8 所示。

图 10-8 HTML 属性设置

其中各项参数含义如下：

模板：Flash 提供了多种网页模板，可以依据需要选择适当的模板来发布网页，一般来说选择"仅 Flash"即可。

尺寸：包括三种尺寸（匹配影片、像素、百分比）。

匹配影片：与动画制作场景尺寸一致。

像素：以像素为单位设置动画大小。

百分比：依据浏览器窗口大小的百分比来设置影片大小。

回放：设置播放属性。

开始时暂停：不自动播放影片。

显示菜单：选择播放影片时的菜单模式。

循环：播放结束后继续从头播放。

设备字体：当浏览者系统中没有影片的字体时，使用 Ture Type 字体来代替。

品质：动画文件的播放质量，有低、自动降低、自动升高、中、高、最佳几种设置。

窗口模式：设置影片在浏览器中的透明度。

HTML 对齐：设置文件在浏览器中播放时的对齐方式及区域。

缩放：设置当播放区域与作品尺寸不同时的调整方式。

Flash 对齐：通过水平和垂直方向的设置，限定影片播放的对齐方式。